2018年度天津市教委社会科学重大项目（2018JWZD18）资助

食品供应链
质量安全治理研究

刘 刚◎著

中国农业出版社

北 京

前　言

　　食品安全问题既是社会问题，又是经济问题和政治问题。食品安全事关公众的健康，食品安全事件往往成为影响社会稳定的隐患，解决食品安全问题是广大人民群众的强烈愿望。食品产业是国民经济发展的重要组成部分，食品产业的快速可持续发展对于拉动内需和促进国际贸易均具有重要意义。食品安全治理是一个国家综合国力和国家治理能力现代化的重要体现，直接影响着政府的公信力。近年来，政府和公众对食品安全问题的关注已经达到前所未有的高度。党的十九大报告提出："中国特色社会主义进入新时代，我国社会的主要矛盾已经转化为人民日益增长的美好生活需要和不平衡不充分的发展之间的矛盾。"为了保障广大人民群众"舌尖上的安全"，政府密集出台一系列推进食品安全治理的制度和政策，与时俱进地修订《中华人民共和国食品安全法》，推进食品安全监管体制改革，食品安全管理体系不断完善，食品安全整体水平不断提升。但是也应该看到，我国的食品安全工作仍面临不少困难和挑战，形势依然复杂严峻，公众对食品安全的信心仍然不足。

　　信息是政府进行食品安全监管的基础，信息获取的广度、深度、准确度、时效性直接影响食品安全监管的效能。信息是政府、企业、公众之间连接的纽带，是公众实现自我保护及参与食品安全社会共治的基础。食品供应链长且复杂，涉及食用农产品生产、食品加工、运输、配送、仓储和销售等诸多环节，供应链主体数量巨大、分布分散，供应链食品安全既受到环境污染等外部性因素影响，同时也受到食品生产者的主观行为影响。食品供应链中食品质量信息的大范围、散点式、碎片化分布给食品安全监管造成了很大困难。现代信息技术的快速发展，为快速准确获取食品安全信息、挖掘和分析信息、追溯食品质量信息、发布食品安全信息、利用食品安全信息进行风险预警提供了工具。基于信息视角分析供应链食品安全治理问题对于提升食品安全治理能力进而提升食品安全水平具有重要意义。

本书从信息视角对食品供应链质量安全治理问题进行了深入研究。首先，分析基于信息视角进行供应链食品安全治理的必要性与重要意义，阐述相关理论基础和研究现状。其次，对食品供应链特征及食品供应链风险进行深入探讨，并对食品安全监管的国际经验进行深入分析。最后，本书基于信息视角对以下几方面问题进行了深入研究：一是分析食品安全治理的信息基础。从公众、企业、政府三方面对食品安全治理的信息基础进行分析。二是探讨政府食品安全监管的信息工具、食品生产经营者的质量信息揭示、消费者的食品安全信息搜寻行为等问题。三是分析供应链食品安全问题的社会共治问题，构建食品安全协同治理的理论框架。四是探讨食品质量可追溯体系的构建，并分析 HACCP 体系和区块链技术在食品供应链质量管理中的应用。五是提出信息视角下推进供应链食品安全治理的对策建议。

著　者

2020 年 3 月

目 录

C O N T E N T S

第一章 绪 论

食品是生活必需品，食品安全是社会公共安全的重要组成部分。对于公众来说，食品安全是一种"底线利益"，事关消费者的健康权。近年来，食品安全事件的不断发生使得消费者对我国食品安全的信任程度持续降低。无论是消费者还是政府都比以往更加重视食品安全。信息是政府进行食品安全监管的基础，信息获取的广度、深度、准确度、时效性直接影响食品安全监管的效能。信息是政府、企业、公众之间连接的纽带，是公众实现自我保护及参与食品安全社会共治的基础。食品供应链长且复杂，涉及食用农产品生产、食品加工、运输、配送、仓储和销售等诸多环节，供应链主体数量巨大、分布分散，供应链食品安全既受到环境污染等外部性因素影响，同时也会受到食品生产者的主观行为影响。食品供应链中食品质量信息的大范围、散点式、碎片化分布给食品安全监管带来很大困难。现代信息技术的快速发展，为快速准确获取食品安全信息、挖掘和分析信息、追溯食品质量信息、发布食品安全信息、利用食品安全信息进行风险预警提供了工具。基于信息视角分析供应链食品安全治理问题对于提升食品安全治理能力进而提升食品安全水平具有重要意义。

一、问题的提出

改革开放以来，随着经济社会的快速发展，消费者的收入水平、食品的消费结构、消费价值观均发生了深刻的变化。1978 年全国人均可支配收入为 171 元；到了 2017 年，全国人均可支配收入达到 25 974 元，扣除价格因素，比 1978 年增长 22.8 倍，年均增长 8.5%[①]。食品的消费结构

---

① 国家统计局：改革开放以来全国人均可支配收入增长 22.8 倍 [EB/OL]. 中国经济网，2018 - 08 - 27.

也从过去以粮食为主转向对蔬菜、水果、肉、禽、鱼、蛋、奶的更多需求。消费者对食品安全的要求也达到了前所未有的高度，特别是在 2008 年三聚氰胺重大食品安全事件之后。商品流通改革及创新促进了食品在更大区域范围内的流动，甚至是全球范围内的流动，使得问题食品的影响更为广泛。同时，食品中的部分不安全因素难以精准识别，也对我国的食品安全监管提出了更为艰巨的挑战。为了保障广大人民群众"舌尖上的安全"，我国政府密集出台了一系列推进食品安全治理的制度和政策，修订《中华人民共和国食品安全法》，推进食品安全监管体制改革，我国的食品安全整体水平不断提升。然而，我国的食品安全工作仍面临不少困难和挑战，形势依然复杂、严峻，公众对食品安全的信心仍然不足。信息问题是食品安全治理的核心问题，从信息视角来看，我国的食品安全治理工作还面临许多挑战。

1. 消费者获取食品安全信息的挑战

目前，消费者对于食品安全问题的关注度高，容忍度低。根据益索普《2015 年食品安全调研报告》的结果[①]，消费者在选购食品时对于食品安全性因素的关注度远远超过了其他考虑因素，食品安全性因素占比高达 85%（图 1-1）。

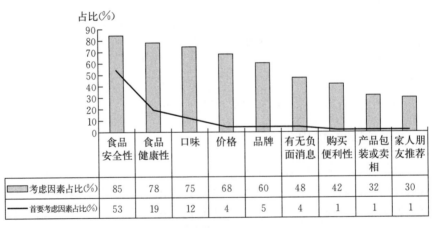

	食品安全性	食品健康性	口味	价格	品牌	有无负面消息	购买便利性	产品包装或卖相	家人朋友推荐
考虑因素占比(%)	85	78	75	68	60	48	42	32	30
首要考虑因素占比(%)	53	19	12	4	5	4	1	1	1

图 1-1　消费者选购食品时的考虑因素

---

① 2015 年食品安全报告［EB/OL］. 中文互联网数据资讯网，2015-06-13.

2016 年，广州市消费者委员会等 40 个省市的消费者协会协同媒体开展了"全国食品安全大调查"活动，并发布了《全国食品安全调查报告》，调查结果（图 1-2）显示，14.96％的消费者表示"经常遇到"食品安全问题，79.46％的消费者表示"遇到过，但较少"，仅有 5.56％的消费者表示"没有遇到"此类问题。频频发生的食品安全问题事件让食品行业的信誉遭到重创，也让整个社会福利和食品市场的效率遭到了极大的损失[①]。

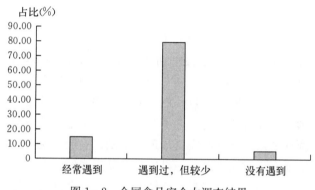

占比(%)

图 1-2 全国食品安全大调查结果

根据《2017 年全国消协组织受理投诉情况分析》的数据分析来看，2017 年，食品相关问题的投诉排名在各类消费投诉中居于第六位，全年投诉的事件达到了 20 944 件，其中有关食品质量安全问题的投诉占投诉总量的 38.45％[②]。2012 年、2014 年、2016 年、2017 年、2018 年，江南大学和曲阜师范大学联合课题组对全国 10 个省（自治区）的特定监测点就消费者食品安全满意度进行了调查。结果显示，5 个年份的消费者食品安全满意度分别为 64.26％、52.12％、54.55％、58.03％和 60.8％，整体上仍处于相对低迷的状态[③]。

从相关调查来看，尽管我国食品安全整体水平不断提升，但消费者对食品安全的满意度仍然不高。这一方面源于消费者对食品安全的期望和要

---

① 《全国食品安全调查报告》重磅出炉 [EB/OL]. 人民网，2016-03-14.

② 2017 年全国消协组织受理投诉情况分析 [EB/OL]. 中国消费者协会，2018-01-29.

③ 中国食品安全发展报告：蔬果中测到农药残留可能是 10 年前留下的？[EB/OL]. 大宁网，2019-01-12.

求越来越高，对"吃得安全"和"吃得健康"越来越重视；另一方面源于消费者对食品安全信息的敏感度越来越高，对食品安全信息的透明度要求越来越高。公众获取食品安全信息的数量和质量直接影响其对食品安全问题的价值判断。食品安全是人类的最基本需求，是人类健康和发展的基础。因此，消费者对食品安全信息具有知情权。消费者对于食品安全信息的及时准确获取有着极高的需求。当前的食品安全信息有效供给还难以满足公众对信息的需求。2013 年 7 月，中国青年报社会调查中心对 3 604 人的网调结果显示，93.8％的受访者表示关注食品安全信息，但 83.6％的受访者认为监管部门的食品安全信息公开不够充分。2014 年 7 月，"零点调查"对全国 20 个主要城市 3 166 位受访者的调查表明，仅有 10.1％的受访者听说过食品药品投诉举报电话"12331"，而该举报电话早在 2012 年初就已开通，受访者对我国食品安全监管体系的知识更是知之甚少。让消费者获取更多的食品安全信息，既是对消费者知情权和健康权的满足，缓解消费者与生产经营者间的信息不对称状态，又是有效防范社会性食品安全风险及实现公众参与食品安全治理的基础。一般来说，消费者获取食品安全信息主要有三方面来源：一是来自食品生产经营者，包括食品的价格、广告、品牌、商誉等。二是来自消费者自身社会网络信息，包括家庭成员、同学、同事、朋友等传递的食品安全信息。三是来自政府及媒体的信息，政府的信息主要由食品安全监管部门或消费者协会发布；电视、报纸杂志、互联网等也是传播食品安全信息的重要渠道，很多食品安全事件都是先由媒体曝光的。相关研究表明：我国消费者对来自政府及媒体的食品安全信息信任程度最高[1]。消费者对来自监管部门、消费者协会、媒体等渠道的食品安全信息有更大的需求。但当前的食品安全监管尚未能有效扭转食品生产经营者与消费者之间的信息不对称状态，食品标识信息管理不规范、食品安全信息公布与通报制度不完善、食品虚假广告规制不足、食品信息追溯制度不健全等阻断了消费者对于食品安全信息的及时准确获取。政府部门或主流媒体作为食品安全信息的权威发布者，一旦无法向公众传递透明、有效、客观的食品安全信息，就易引发公众的信任危机。同时，随着基于互联网的 QQ、微博、微信等新媒体的快速发展，信息传播

① 胡卫中，齐羽，华淑芳. 浙江消费者食品安全信息需求实证研究 [J]. 湖南农业大学学报（社会科学版），2007 (8)：8-11.

的速度、广度以及公众获取信息的便利性都远优于传统媒介，如果政府或主流媒体不能在第一时间就某一食品安全问题进行权威信息公开，很可能会使来自非官方渠道的信息率先对消费者造成影响。由于风险的社会放大效应，部分食品安全事件的信息可能会被人为放大、扭曲，信息波及的范围也会被人为扩大，进而成为影响社会稳定的隐患。

2. 政府食品安全监管的信息约束

信息是食品安全监管中的执法依据，只有准确及时地获取信息才能对违法违规者给予惩罚，才能更好地进行食品安全风险预警。然而，现阶段我国的食品安全监管在很大程度上受到信息的约束。

（1）食品安全监管力量特别是基层监管力量相对薄弱，制约了信息的获取

面对面宽量大、点多线长的食品安全监管对象，监管信息的全面、准确、及时获取存在较大难度。一方面，食品安全监管对象数量庞大且分散。根据第三次全国农业普查①及《中国统计年鉴2018》的数据，我国现有农户226 290 104户，农业经营主体207 431 646个，餐饮业25 884个，连锁餐饮企业27 478个，大中型食品制造业1 567家，大中型酒、饮料、精制茶制造业1 014家，大中型农副食品加工业2 586家，如表1-1所示。除此之外，还有大量未登记无证经营的小作坊式的食品生产企业和

表1-1 我国食品行业经营统计

类 别	数量（个/家/户）
农户	226 290 104
农业经营主体	207 431 646
餐饮业	25 884
连锁餐饮企业	27 478
大中型食品制造业	1 567
大中型酒、饮料、精制茶制造业	1 014
大中型农副食品加工业	2 586

资料来源：第三次全国农业普查。

① 第三次全国农业普查主要数据公报．[EB/OL]．国家统计局网站，2017-12-14．

食品商贩，成为食品安全监管中的难点和盲点。据不完全统计，我国的食品生产企业中，10 人以下的小作坊食品生产企业占 70％～80％，大部分小作坊没有食品安全卫生经营许可，生产条件恶劣，生产工艺简陋，二次检验设施不过关，难以从源头保障食品质量安全①。另一方面，基层监管资源匮乏，表现为执法人员不足、技术力量不足、检验检测设备不足，难以满足对食品全覆盖、及时准确地监管。当前，我国的基层食品安全监管机构大多只覆盖到乡镇一级，甚至存在一个乡镇一级的基层安全监管机构要对多个乡镇同时进行管理的情况。基层安全食品监管具有辖区大、监管对象零散、监管基数大等特点，基层的监管人员普遍存在数量配备不足、专业能力不足、身兼数职的情况，难以对基层的食品安全监管区域进行全范围的监测。在食品安全检测方面，从 2018 年度全国检验检测服务业统计简报的数据来看（表 1-2），截至 2018 年底，我国共有各类检验检测机构 39 472 个，其中食品及食品接触材料 3 389 个，农产品、林业、渔业、牧业 2 262 个，动物检疫 65 个，有关食品安全监测的检验机构仅占比 14％②。一头是小散乱、流动性强的大量食品生产经营主体；一头是人员数量少、技术支持不足、执法检测设备落后的稀缺的监管资源，这使得食品安全监管面临很大挑战。

表 1-2　2018 年度全国检验检测服务业统计简报数据

监管机构类型	监管机构数量（个）	监管机构类型	监管机构数量（个）
动物检疫	65	防雷检测	702
国防相关	85	电子电器	724
卫生检疫	124	特种设备	742
软件及信息化	202	机械（包含汽车）	807
生物安全	211	材料测试	1 200
宝玉石检验鉴定	234	司法鉴定	1 212
产商品检验、验货	277	化工	1 271

① 小作坊占比 80％成监管软肋，过去 5 年仅 1/3 省市立法 [EB/OL]. 中国新闻网，2014-12-15.

② 2018 年度检验检测服务业统计结果发布 [EB/OL]. 中华人民共和国中央人民政府，2019-06-10.

（续）

监管机构类型	监管机构数量（个）	监管机构类型	监管机构数量（个）
医学	309	公安刑事技术	1 594
医疗器械	311	农产品、林业、渔业、牧业	2 262
电力（包含核电）	378	卫生疾控	2 646
纺织服装、棉花	457	食品及食品接触材料	3 389
环保设备	540	水质	3 527
计量校准	546	其他	5 426
消防	615	环境监测	6 289
采矿、冶金	641	建筑工程	6 642
能源	670	建筑材料	7 044
药品	691	机动车检验	8 495
轻工	693		

资料来源：根据国家市场监督管理总局发布的 2018 年度全国检验检测服务业统计简报绘制。

（2）食品安全问题的复杂性增大了监管的难度

食品安全问题具有高度复杂性。食品本身种类繁多，一般可以分为十六大类（表1-3），不同种类的食品具有不同属性及质量安全要求，对专业知识、执法手段、监测技术及设备均有不同的要求。

表1-3 食品的种类

序号	种 类	序号	种 类
1	乳与乳制品	9	水产品及其制品
2	脂肪、油和乳化脂肪制品	10	蛋及蛋制品
3	冷冻饮品	11	甜味料
4	水果、蔬菜、豆类、食用菌、藻类、坚果以及籽类等	12	调味品
5	可可制品、巧克力、巧克力制品以及糖果	13	特殊营养食品
6	粮食和粮食制品	14	饮料类
7	焙烤食品	15	酒类
8	肉及肉制品	16	其他类

食品安全问题的成因多种多样，既有农产品农药兽药残留超标、违规滥用添加剂等化学性污染问题，也有由生产加工过程中的卫生问题引起的食品细菌及微生物污染，同时还存在各类病毒对食品安全的威胁。由此，食品安全的质量标准也涉及诸多方面。截至 2019 年 8 月，有关食品安全的国家标准共 1 263 项，包括通用标准、食品产品标准、特殊膳食食品标准、食品添加剂质量规格及相关标准、食品营养强化剂质量规格标准、食品相关产品标准、生产经营规范标准、理化检验方法标准、微生物检验方法标准、毒理学检验方法与规程标准、兽药残留检测方法标准、农药残留检测方法标准[①]。当前的食品安全检测能力及基层执法力量难以实现按标准对监管对象的全覆盖检测，特别是食品新技术日新月异的发展，进一步加剧了准确分辨及获取不安全食品信息的难度。

3. 食品生产经营者信息揭示的挑战

亚当·斯密在《国富论》里曾写下："我们的晚餐并非来自屠夫、酿酒师或者面包师傅的仁慈之心，而是他们的自利之心。"由于食品具有典型的信任品属性，食品供应链不同主体间有关食品质量的信息是不对称的。

（1）食品质量信息不对称造成食品生产经营者的道德风险

例如部分企业故意违规使用非法添加剂生产食品，在卫生条件恶劣的条件下仍进行食品生产加工，或者直接制假售假。部分农户主观违规使用国家明令禁止的高毒农药、化肥，或者违规过量使用催熟剂、生长剂、保鲜剂，因为使用化肥、农药、添加剂或者是激素可以明显降低农产品生产的单位成本，从而增加利润。在某些地区甚至出现了一种"一家两制"的特殊情况，即向市场出售的农产品大量使用化肥、农药或添加剂，对自己食用的农产品少用或者不用激素或化肥农药。联合国粮食及农业组织/世界卫生组织（FAO/WHO）在《保障食品安全与质量：强化国家食品控制体系指南》中曾指出：在发展中国家，食品安全风险主要来自种植业、养殖业的源头污染；食品添加剂的不规范使用；食品生产、加工、包装、运输条件达不到安全要求；人为制售"假冒伪劣"食品。在食品市场中，由于供给主体是大量分散的，需求主体也是大量分散的，需求方对单个食品生产经营者的身份辨识度极低，每一次交易都可视为非重复博弈，单个

---

① 食品安全国家标准目录［EB/OL］. 中华人民共和国国家卫生健康委员会，2016 - 09 - 18.

食品供给主体的行为对其长期收益和关联收益的影响较小，声誉机制对供给方的约束力较弱。消费者无法通过声誉激励机制对生产低质量产品的主体进行惩罚。因此，生产低质量产品并以高价出售成为单个食品生产经营者的最优经济决策。加之政府公共检测和执法资源不足，难以对大量分散的食品生产经营者进行定期全面的监测，更容易加剧食品供应主体的侥幸心理和机会主义行为，给不法食品生产经营者提供了制假、造假、售假和以次充好的投机空间。

2013 年初，我国部分食品安全问题专家在网上进行了一次关于"我国 2013 年十大食品安全事件"的票选活动。在票选出的十大事件中，企业自身不诚信、违法违规事件占票选的比例为 60%，其余的 40% 为食品标准和食品安全存在问题①。2016 年，中国工程院重大咨询研究项目《中国食品安全现状、问题及对策战略研究》中的调查数据显示，公众对食品安全问题的总体满意度仅为 50% 左右，消费者眼中的食品安全问题主要源于三个方面，即食品生产经营者的败德行为、监管不力以及惩罚力度不足。其中，81.3% 的被调查对象认为食品从业者的"利欲熏心"引发的故意违法违规行为是造成食品安全问题的主要原因②。

(2) 食品质量信息不对称造成食品市场中的"逆向选择"

食品市场具有典型的"柠檬市场"特征，在市场中存在"逆向选择"行为，即优质的食品往往无法卖出与其品质相符合的价格，造成食品市场中的劣币驱逐良币。"逆向选择"使得使用高成本生产优质产品的食品企业生产者在交易中处于不利地位，结果要么被迫退出市场，要么被迫降低产品质量以减少生产成本，最终导致食品市场中充斥着大量劣等产品。由此造成食品市场交易中存在较大的交易费用，为保护自己的利益、提防卖方的机会主义行为，消费者不敢轻率地在食品卖方提供的信息的基础上做购买决策，不得不为购买到优质的食品花费更多的信息搜寻成本。

食品生产经营者出于自利和竞争的需求，一般不愿意主动公开其所生产的食品质量信息，甚至会对食品质量中的不安全因素进行有意隐瞒，以规避监管及公众监督。由于食品的信任品特性，消费者的信息搜寻成本较

---

① 12 位专家解读 2013 年国内食品安全十大热点事件［EB/OL］. 中国经济网，2014 - 01 - 10.
② 旭日干，庞国芳. 中国食品安全现状、问题及对策战略研究［M］. 北京：科学出版社，2015.

高，消费者无法判断其所购食品是否安全，价格、品牌、广告往往成为他们判读食品质量的依据。不得已情况下，产生了"安全食品价格高""不可信的企业较不可能在费用昂贵的出版物或全国性电视台做广告""品牌食品应该比较安全"的心理依赖。企业抓住消费者这种心理，往往不惜投入巨资在热门媒体、黄金时段高频次地播出自己的广告来塑造自己的品牌。在无法观察食品生产者生产过程的情况下，消费者也很容易把广告作为判断企业诚信和产品质量水平的间接信号。在信息不足的条件下，越是具有广告影响力的食品企业，越容易受到消费者的信赖。而事实上，食品安全广告与食品安全并无内在联系，食品广告的信号传递功能在很多情况下异化成为一种虚假的宣传效应①。食品企业在行业中的地位也成为导致消费者认知错误的重要因素。企业在同行业中的行业地位如何，同样是人们在缺乏更可靠的比较标准之时判断产品质量的"代表标记"，行业中的领军企业在资金实力、管理水平、产品质量、企业信誉等方面往往要强于行业中其他企业。消费者很自然地将食品质量与企业在行业中的地位联系起来，然而这种联系非常脆弱。少数问题食品生产经营者通过发布虚假广告欺诈消费者以获取更高利益，部分知名食品企业生产质量不安全的食品，进一步加剧了消费者辨别食品真实质量的难度。

在监管资源约束、食品生产经营者的信息披露机制不完善及执行困难、食品质量信息追溯困难、食品广告管理不完善、食品供应链各主体间信息衔接不畅的情况下，独立的食品生产经营主体缺少主动披露食品质量信息的动机，有时甚至发布虚假广告信息。同时，部分食品供应链主体出于自身利益考虑和侥幸心理，即使发现食品供应链中其他环节的质量安全问题，往往也会选择沉默。为此，在企业主观信息披露意愿不足或者披露不规范的情况下，需要加强政府对食品企业信息揭示的规制。

二、研究的目的及意义

1. 有利于公众参与食品安全问题的社会共治

当前，信息问题是造成公众对食品安全信任危机、食品安全的社会监督难以有效实现、食品市场的"低质量—低信任"循环问题的关键。在食

① 吴元元. 信息基础、声誉机制与执法优化——食品安全治理的新视野 [J]. 中国社会科学, 2012 (6)：115-133.

品安全问题社会关注度越来越高的情况下，公众的信息权利意识越来越强，对及时准确地获取食品安全信息提出了更高的要求。食品安全信息的有效供给不足或供给不客观、不及时会影响消费者的自我保护和参与食品安全治理。一是高效的信息流通可以增强公众参与食品安全治理的责任意识。虽然公众对食品安全问题的关注度不断提高，但实践中对于主动参与食品安全治理的积极性依然不高。很多消费者参与治理的责任意识不强，除非事关自身利益，否则不会主动获取相关信息及参与食品安全监督，在很多情况下表现出一种"不信任-不排斥-不负责"的认知行为矛盾。造成这一问题的重要原因在于公众对食品安全知识的掌握程度较低，获取真实食品安全信息的范围窄、渠道模糊，通过有效的信息流通及加强对消费者的食品安全知识教育可以提升公众参与食品安全治理的责任意识和能力。二是高效的信息流通可以修补公众对食品安全的信任断裂。公众对食品安全的信任危机主要源于其对食品安全的认知及信息屏蔽。很多时候，公众眼中的食品安全是食品的绝对安全，例如要求食品中完全没有农药残留或者完全没有添加剂。但监管部门、企业、专家眼中的食品安全则是一种相对安全，即食品质量符合国家的技术质量标准即可。这里存在一个不同主体间的认知矛盾，正因如此，公众对食品安全信息的准确及时供给有着极高的要求。但当前的食品安全信息公开情况还不能满足公众的要求，迫切需要在政府、企业、公众、专家之间建立起有效的信息沟通及风险交流机制。三是高效的信息流通可以为公众参与食品安全治理提供渠道。公众参与食品安全治理，不仅可以减轻监管部门信息能力不足的压力，而且可以更好地实现对监管部门的监督。但不容忽视的是，消费者本身对食品安全的需求是一种私人需求，若其参与食品安全监管，则具有提供公共物品的性质，容易发生其他消费者"搭便车"的情况。即使消费者有意愿去参与社会食品安全监督，他们也不愿意在关键信息搜寻和甄别中花费过多的成本。为此，监管者为公众提供易于接收、识别、验证的信息以弥补消费者主动获取信息动力的不足就显得格外重要，构建权威通畅的食品安全信息通路，是公众参与食品安全社会共治的基础。

2. 有利于提升政府食品安全监管效率

食品安全治理离不开信息的获取、交流与传播。基于互联网的现代传媒技术的快速发展使得信息的大规模、大范围传播成为可能，从技术上为解决信息不对称问题、促进信息交流提供了基础。然而信息的有效交流除需要技术的支持外，还需要依靠制度的有效供给，是制度和技术有效互动的结果。随着公众健康意识的不断增强以及对知情权的要求不断提高，其对食品安全真实信息的需求也越来越强烈。基于信息视角做好食品安全治理的顶层设计及执行，对于提升食品安全治理水平、回应公众关切具有重要意义，有利于避免食品安全监管部门处于被媒体牵着走、被专项整治追着走、被突发事件拖着走的被动局面。

（1）有利于进一步明确政府的信息责任

食品安全本身具有准公共物品属性，政府作为社会公共利益的代表，对食品安全承担着监管职责。在食品安全监管中，政府需要权衡不同利益主体的价值诉求，包括监管者自身、食品生产经营者、公众以及中介组织等。当食品安全风险出现时，出于不同的利益诉求，政府可能选择不同的信息行为。从经济及社会效益角度看，就监管部门而言，瞒报或少报食品安全事件有利于维护本地区的政绩及本地区食品企业的利益。但这种屏蔽信息或阻断信息传播的行为会产生较大的负面效应。一方面，会进一步加剧生产问题食品企业的败德行为，甚至会传染至本地区内的其他食品生产经营者，造成食品安全问题的区域性泛滥。另一方面，屏蔽信息会助长监管部门与食品企业之间的合谋行为，造成规制俘获，对公众造成更大的危害。如果公众获得的食品安全信息是迟滞的、片面的、经过处理的，消费者对食品安全监管体系的信任程度就会大幅下降，特别是在因信息流动不畅造成食品安全事件之后。在权威渠道无法满足公众食品安全信息需求的情况下，消费者会转向其他渠道搜寻获取信息，并容易对一些不客观的信息进行人为的误读、放大并传播，由此积累的社会风险会对政府的公信力造成很大的负面影响，同时容易引起公众对某类食品行业的恐慌心态，成为影响社会稳定的隐患。为此政府应正视自身的食品安全信息责任，努力促进食品安全信息的顺畅流动和公开透明。

（2）有利于政府通过信息规制提高食品安全问题的治理效率

由于食品的信任品特性，食品质量信息往往成为食品生产经营者的私人信息。从经济学角度看，食品生产经营者隐藏对自己不利的食品质量问题信息也是一种理性行为。信息规制的主要目的在于建立一种对守信者的激励机制，对失信者的约束和惩罚机制。一方面，对食品生产经营者在信息披露内容、程序、方式等方面做出强制性规定，有利于提升食品企业的自律意识，规范其生产行为，同时，食品生产经营者披露的质量信息越多，越有利于公众参与食品安全问题监督。另一方面，通过市场化的信息规制设计，可以更好地利用市场自身的力量提升监管效能。引导食品生产经营者进行自愿性质量信息披露，有利于形成"优质优价"的良性市场环境，通过质量信号传递，可以使守信的优质食品生产经营者获得更多的经济回报和公众认可，并进一步倒逼其他食品生产经营者提升食品质量水平。

（3）有利于政府在食品安全监管中打破"信息孤岛"，实现信息联通

割裂的信息有可能成为"沉睡的数据资源"，联通的信息则可能产生更大的价值，打通监管部门之间、监管部门与食品生产经营者之间、监管部门与公众之间的信息通路，对于提升食品安全监管效能、推进食品安全问题的社会共治具有重要意义。监管部门之间的信息联通可以实现对包括生产、流通、消费等环节在内的食品供应链中食品安全风险的识别、分析、管理及预警，及时阻断食品安全风险沿供应链传递。近年来，我国的几次食品安全监管体制改革都关注于监管部门之间的横向信息协同、纵向信息联通，实现监管部门之间数据的共享共用，打破"信息孤岛"。监管部门与食品生产经营者之间的信息联通有利于降低信息获取成本，提升监管效率。监管部门与公众之间的信息联通有利于保障公众的知情权，同时为公众及时反馈信息及参与食品安全社会共治提供渠道。

3. 有利于提高相关食品企业的自律程度

食品质量信息的不对称容易刺激食品生产经营者的机会主义行为，在利益的驱使下，部分食品供应链主体可能会忽视公众健康而选择违规的生产行为。在监管资源稀缺、难以获取全面准确的食品安全监测信息的情况下，食品生产经营者、政府监管部门、消费者之间有关食品质量存在着严重的信息不对称。由于食品生产经营者与消费者之间对食品供给的价值取向是有差异的，食品生产经营者供给食品的目的在于对利益最大化和成本最小化的追求，只有在质量改进可以为其带来更多收益的情况下才会关注质量，理性的市场主体不会为提高质量水平而增加成本，而消费者却更多关注食品的质量安全与价格高低，不同的目标定位决定了供给双方的利益冲突和权益博弈。为此，在缺乏有效监管和信息披露约束下，食品生产经营者往往会选择利用信息优势获取更大利润，而忽视对食品质量安全的保障。提升食品供应链的透明度，加强食品质量信息在供应链不同主体及利益相关者间的流动，一方面有利于提升食品安全监管效率，使得监管部门能够及时准确地获取相关信息，及时对违法违规者进行惩罚，强化投机者

在行为选择时的忌惮心理，并通过信息公开有效实现风险预警和防范；另一方面有利于公众更有效地参与食品安全问题治理，发挥"声誉机制"和"用脚投票"的作用倒逼食品生产经营者生产质量安全的食品，同时有利于高品质食品的生产者在市场交易中实现"优质优价"，进而激励更多的食品供应链主体努力地进行质量改进。

对于食品企业来说，如果信息能够通畅流动，出于自身考虑一定会更加看重自己的声誉。尤其是大型企业或知名企业，基于对未来收益和发展的考虑，它们一定会有保障食品安全的内在动力。知名企业也往往更成为媒体、政府和消费者"重点关注"的对象，事实上媒体曝光的食品安全事件很多出自知名企业。而这些知名企业也不会对自身的问题置之不理，会采取一系列措施应对危机，来维系它们在消费者心中的地位。尽管有一些企业会采取非正常应对方式如阻断信息传播来处理危机，心存躲过惩罚的侥幸心理，但大部分知名企业还是能够直面问题，以一种与消费者合作的态度来处理危机，比如及时发布声明整改或调查，或者公开道歉，这也成为消费者依然继续光顾他们的原因。例如 2014 年的福喜过期肉事件，麦当劳没有回避问题，而是暂时中断与福喜上海的合作，导致大部分麦当劳店面无法正常出售肉类食品，造成巨大的经济损失；肯德基在速成鸡事件后，通过高频度的媒体广告让消费者知道他们用的鸡是安全的，同时不忘在各餐厅的用餐托盘垫纸上邀请消费者参观他们的养殖场、操作间，以表示对自身生产的食品的信心。信息的流动成为食品企业不断提升质量的动力，因为食品企业了解消费者声誉机制对他们的重要作用。在信息充分的环境下，生产不安全食品机会主义行为会使不良经营者与消费者之间的交易是"一锤子买卖"，消费者在得知被欺骗后会采取"用脚投票"的声誉惩罚机制，企业会失去未来的长期收益，机会主义成本太高。所以企业主观上会有重视食品安全的动力，因为他们期望的是与消费者之间的"重复博弈"，以获取长期的收益和更好的发展。在社会压力、高违法成本、质量溢价的约束及激励下可以强化食品生产经营者的自律行为。

三、相关研究现状

从信息经济学角度看，Nelson（1970）将商品分为搜寻品和经验品。搜寻品即消费者在购买之前可以通过搜寻及观察了解商品的质量；经验品即消费者在购买之后可以通过消费体验了解商品的质量。Darby 等

（1973）发现有些商品的质量即使在消费者消费之后也无法做出判断，在 Nelson 的基础上，Darby 等（1973）将其称之为信任品。Caswell 和 Padberg（1992）认为从食品安全要素角度看，食品既是经验品，又是信任品。Akerlof（1970）的旧车市场模型开创了逆向选择理论的先河，他指出逆向选择问题来自买者和卖者有关质量信息的不对称。Myerson（1991）将所有由参与人错误报告信息引起的问题称为逆向选择。食品质量信息在很多情况下无法通过市场机制准确传递给消费者，食品市场中容易出现"劣币驱逐良币"的逆向选择行为（王秀清等，2002）。

对于食品的信任品特征，质量信息需由政府或可以信任的中介组织来提供，方能保证市场上食品质量信息的有效性（Caswell et al.，1996），监管制度对于整个信任品市场的运行有着重要影响。监管即政府根据相关规则对市场主体的行为进行引导或限制，监管的本质是克服市场失灵。Biglaiser（1993）认为如果能让第三方（中介组织）介入市场承担信息传递功能，可以有效解决食品质量信号传递中的市场失灵问题。Daughety 和 Reinganum（2008）提出合理的监管制度设计能够让企业主动披露食品的质量问题或风险。Daughety 和 Reinganum（2005）认为，如果政府强制企业公开质量信息，企业将会投入更多资源进行技术研发以提高产品质量，从而使市场中产品质量的平均水平高于不进行信息揭示的情形。通过品牌识别、标签制度和认证体系可以解决生产者与消费者之间的信息不对称问题（Shapiro，1983；Steven et al.，1985）。古川和安玉发（2012）提出食品质量信息披露不足是导致消费者难以分辨食品安全性的重要原因。龚强等（2013）提出信息揭示是提高食品安全的有效途径，规制者通过界定企业需要揭示的生产和交易方面的信息，能够为社会、第三方和监管者提供监督的平台。

对于食品安全来说，其成因的复杂性决定了其实现路径的综合性，除政府监管外，还需要食品企业、行业协会、媒体、消费者等多方力量的共同参与。食品安全的实现应引入治理理念。治理是指由政府以及非政府的行动者联合参与决策的过程，风险治理（risk governance）则是指把有关治理的关键理念与内容融入风险及与风险相关的决策背景中。治理的本质是处理好政府、市场和社会的关系，通过多方协同努力实现公共利益。从食品安全治理视角看，2015 年修订的《中华人民共和国食品安全法》规定我国的食品安全工作实行预防为主、风险管理、全程控制、社会共治的原则。国际食品法典委员会（CAC）认为风险分析框架是处理任何潜在或现实食品安全问题的最佳方法。任燕等（2011）认为以政府为主导的食品安全控制体系向以企业为主导的食品安全保证体系转变是食品安全监管的发展方向。大量研究分析了社会共治对食品安全监管的重要性。社会共治实质是从由上而下的管理模式转变为上下结合、国家与社会相结合的治理模式（张曼等，2014）。从单一的政府监管模式走向社会共治模式，是我国食品安全监管模式改革的必然选择。一个科学合理的食品安全社会共治体系由主体体系、行为体系、责任体系以及制度体系构成（邓刚宏，2015）。王名等（2014）认为多元共治的主体包含五个层面，即中央政府、地方政府、企业及各种市场主体（包括消费者和代表整体利益的行业组织等）、社会组织（公益性和互益性）、公民及公民各种形式的自组织。倪国华和郑风田（2014）提出降低媒体监管的交易成本可以提高食品安全的监管效率。谢康等（2015）认为政府对信息披露的补贴将构成启动食品安全社会治理的催化剂；在食品安全社会共治中，既需要通过管制制度与可追溯体系等技术的结合，形成有效的社会震慑信号来抑制违规行为的发生和扩散，又需要在社会层面大力培育社会共识，重构社会诚信体系，形成持续发送"正能量"的社会道德观信号，以弥补制度治理长期成本高的不足。王国华和骆毅（2015）提出互联网时代社会治理需要转型，包括治理理念的转型，突出开放包容、法治和创新；治理方式的转型，突出信息化、社会监管与社会协同；治理体系的转型，创新社会协同的机制和体制，改进社会协商机制，完善社会监督与社会安全预警体系。

四、本书的结构安排与研究内容

信息是食品安全治理的基础，从农田到餐桌的全过程食品安全监管需要及时准确收集每一个供应链环节的食品安全信息并进行科学分析；食品安全的社会共治需要以信息为纽带来推进。本书将从政府监管部门、食品生产经营者及公众等不同主体角度，基于信息视角分析供应链食品安全治理问题。具体的章节安排如下：

第一章：绪论。分析在信息视角下进行供应链食品安全治理的必要性与重要意义，阐述相关理论基础和研究现状，界定主要研究内容。

第二章：食品供应链安全风险分析。分析食品供应链的特征，对食品供应链的质量安全风险进行研究，分析我国的食品供应链质量安全风险现状。

第三章：食品安全治理的国际经验。对美国等国家和地区的食品安全监管模式及治理特点进行分析，探讨对我国供应链食品安全治理的借鉴及启示。

第四章：我国食品安全监管现状。从法律法规、政策、监管体制机制、食品安全标准等方面分析我国食品安全监管现状。

第五章：食品安全治理的信息基础。基于经济学理论，从公众、企业、政府的视角分析食品安全治理的信息基础。

第六章：政府食品安全监管的信息工具。探讨政府食品安全监管的信息工具，构建包括信息收集工具、信息识别工具、信息流动工具、信息补强工具、信息激励工具、信息公开工具六方面在内的信息工具体系。

第七章：食品企业的质量信息揭示。基于食品市场的"柠檬市场"特征及"逆向选择"问题，分析食品企业的质量信号传递问题。

第八章：消费者的食品安全信息搜寻。对消费者的食品安全信息搜索行为进行实证研究，揭示影响消费者食品安全信息搜寻行为的因素。

第九章：供应链食品安全问题的社会共治。分析供应链食品安全的社会共治问题，构建食品安全协同治理的理论框架。

第十章：食品供应链信息共享。从技术视角分析食品供应链的信息共享问题，主要探讨食品供应链可追溯体系的构建，以及危害分析与关键控制点（hazard analysis and critical control point，HACCP）体系和区块链技术在食品供应链质量管理中的应用问题。

第十一章：基于互联网信息平台的供应链食品安全风险治理。探讨供应链食品安全风险治理中互联网的信息功能，分析基于互联网信息平台的食品安全风险治理机制。

第十二章：信息视角下推进食品安全治理的对策建议。从信息视角提出食品安全治理的对策建议。

第二章　食品供应链安全风险分析

FAO/WHO 在《保障食品安全与质量：强化国家食品控制体系指南》中指出：食品安全涉及那些可能使食品对消费者健康构成伤害（无论是长期的还是马上出现的伤害）的所有危害因素。食品安全具有公共产品属性及社会性，食品供应链的质量安全控制更需突出风险管理和预防原则。国际食品法典委员会（CAC）认为风险分析框架是处理任何潜在或现实食品安全问题的最佳方法。对于食品供应链来说，影响食品安全的风险因素存在于整个供应链中，包括源头供应、生产加工、物流与销售等不同环节（Van Asselt，2010），且食品安全风险会沿着供应链进行传导。为此，食品供应链中的任一环节出现质量安全问题都会波及整个供应链，最终导致生产出劣质食品。对食品供应链质量安全风险的分析是供应链食品安全治理的基础。

一、食品供应链的特点

供应链是围绕核心企业对工作流、信息流、物流、资金流的控制与协调，从原材料采购开始，制成中间半成品及最终产品，最后由销售网络把产品送至消费者手中的将供应商、制造商、分销商、零售商、最终客户连成一个整体的功能网链结构（马士华，2009）。供应链是一个虚拟组织，是若干个关联企业或组织组成的动态联盟，每一个供应链主体都是独立的组织，都有其各自的利益要求。在供应链内部，其上下游之间是一种双向的委托代理关系，分别具有各自的需求、生产、成本等信息，并据此做出有利于自身利益的决策，不同成员之间的决策也会相互影响。食品供应链是指通过信息流、资金流、物流等将农业生产资料供应商、初级农产品生产者、食品加工者、食品分销商、食品零售商，直到最终消费者连成的一个网链模式。与其他产品供应链相比，食品供应链具有其特有的属性。

1. 供应链长且复杂

食品供应链是从种植或养殖一直到最终消费的一个漫长的复杂过程，这其中覆盖了包括种植或养殖、加工、生产、流通和销售在内的多个环节。例如生产和销售饮品，整个生产流通过程涉及了二氧化碳气体加工，化学防腐剂生产，纸箱加工，饮品的储藏、运输、配送、零售等不同环节。随着经济社会的发展及全球化趋势，食品供应链也不断延长；供应链环节越多，容易出现的风险不可控因素就越多，增加了协调与监管的困难。食品供应链的复杂性是造成食品风险的主要原因，对于食品供应链来说，影响食品安全的风险因素存在于整个供应链中，包括源头供应、生产加工、物流与销售等不同环节。相比其他产品，由于食品的易腐、易变质等生化属性，使得物流过程对于食品供应链来说更为重要。特别是在跨区域的食品流通中，部分食品如农产品需要通过冷链物流来保障其品质，在食品的运输和存储中对温度有着更高的要求。

2. 食品供应链的多元分散性

食品供应链的多元分散性是针对供应链主体而言，是指食品供应链主体类型多样，涉及不同的生产部门；同时，食品行业集中度较低，小规模经营主体占大多数，而且经营分散。在农产品生产源头，我国有2亿多以家庭为单位分散经营的农户；在食品生产加工环节，全国仅获得生产许可证的食品企业就达17万家以上，这还不包括几十万家食品生产加工小作坊；在餐饮环节，大量中小餐饮企业并存，仅北京就有6万多家拿到餐饮服务许可证的单位，这还不包括小的食品摊贩。大量小农户、小作坊由于资金、成本、技术、理念的限制，不愿意进行提高食品质量的行为。在即期可见利润和投机心理的驱动下，容易生产不符合国家食品安全质量标准的食品。小规模经营者由于在食品供应链中的弱势地位，容易引发其不安全感和对供应链强势方的不满及猜疑，更容易刺激其机会主义行为。面对数量如此庞大的监管客体，监管机构承受着沉重的执法负荷，加重了监管的困难。小规模经营加大了食品供应链的质量安全风险，特别是由于人为的道德风险引发的食品安全隐患。

3. 食品供应链的信息不对称性

供应链不是一个实体而是一个虚拟组织，由多个节点企业按照一定的规则进行交易，使得物流、资金流、工作流、信息流在供应链系统中流动。信息是供应链中流动最频繁、结构最复杂、变化最快的一种流，是交易、决策分析、战略计划、管理控制的依据。在供应链中，不同主体间的契约关系是松散的，在缺少有效的激励和监督机制的情况下，企业主动共享信息的动力是不足的。所以，只要是供应链就存在信息不对称问题，但食品供应链的信息不对称问题尤为显著。食品作为"信任品"，消费者一般不了解食品生产过程和工艺，很难凭其外观、广告信息或以往的购买经验来完全了解食品是否存在安全与质量隐患，甚至在食用之后也很难发现潜在问题。一般来说，要想识别食品安全质量信息，需要借助特殊的检测设备。信息不对称造成了食品交易中的买方不相信卖方的产品是高质量的，其倾向于出低价来购买产品，例如乳制品企业不相信奶农的牛奶质量，不断压低奶源采购价格，并购买到低价低质的产品。这种过程的均衡状态使高质量的卖家被挤出市场，而低质量的食品却留在市场上。食品安全质量信息的不对称成为食品供应链"机会主义行为"产生的内在激励，是影响食品安全质量的内在原因。

4. 食品供应链的关系不稳定性

在食品供应链中，不同主体间由于规模实力的差异很难形成供应链内部的力量均衡，在这种权力不平衡的格局中，小规模生产经营者容易产生"不公平感知"和被供应链强势方"敲竹杠"的担忧，从而刺激小规模经营主体降低生产投资标准或实施机会主义行为。由于食品供应链上大量存在的小规模经营主体，使得很多交易都是"一锤子买卖"，供应链成员间关系极其不稳定，关系主体间大多是一次博弈。以农产品生产为例，每一个农户都是无数市场供给者之一，需求方对单个农户的身份辨识度极低，每一次交易都可视为非重复博弈，农户行为对其长期收益和关联收益的影响较小，声誉机制对农户的约束力较弱。消费者无法通过声誉激励机制对生产低质量产品的农户进行惩罚，因此，每一次交易都可视为非重复的一次博弈，生产低质量产品并以高价出售将是农户的最优决策。不稳定的供应链成员间的协作关系将严重影响和制约食品供应链质量管理与质量投资激励。

5. 食品供应链的双重边际性

供应链双重边际性是指作为独立核算的法人和实体，供应链体系中"理性"的采购者和供应者在决策时更多地考虑自身利益最大化（Bartelsman et al.，1994），而较少关注供应链其他成员的利益。当供应链利益在不同成员间进行分配时，单方以个体利益最大化的决策来影响市场均衡，却导致另一方及供应链整体绩效的降低。供应链双重边际性产生的根源在于供应链上不同参与主体之间存在利益不一致和分配不合理，作用于信息不对称的环境中，则加剧了供应链产品质量的恶化，导致委托代理理论中"激励失败"（incentive failure）现象的出现。双重边际性在供应链产品质量事件中表现为下游采购者为了降低成本或提高利润，不断压低产品的采购价格，而供应者面对低廉的采购价格则逐步调低产品质量，最终出现产品价格和质量"双降低"局面。

6. 食品供应链的风险聚集性

食品是人类赖以生存的基本资源，食品供给的数量和质量直接影响人类的生存和发展。食品供给质量的高低会对食品企业及行业造成重大影响。因为事关公众健康，一旦发生食品质量安全问题，很容易引起整个产业链的崩塌以及公众对某类食品行业信心的下降。同时，食品安全事件已经成为影响社会稳定和政府公信力的隐患。这使得食品供应链必须将保障质量安全作为基本目标。食品供应链涉及的环节多，每个环节又有其不同的特点；由于食品的生化性及食品技术的发展，使得一些风险因素难以通过现有的检测手段检测出来。如果食品供应链的某一环节出现了人为的或输入性的质量风险要素，且这一风险由于主观原因或客观原因没有被发现，那么这个不安全因素会随着食品供应链传递到下个环节，然后再和下个环节的不安全因素叠加，最后造成供应链中的风险积累及问题的严重性程度扩大，形成了逐级放大的风险聚集效应，最终形成给消费者带来危害的问题食品。

二、食品供应链的安全风险特征

与其他公共安全风险相比，食品供应链的安全风险具有以下特征：

一是食品安全风险更为复杂。从供应链角度看，食品供应链是由包括农产品生产所需的原材料供应、农产品种植或养殖、农产品加工、食品生产、食品分销、零售及餐饮等多个环节构成的复杂系统，链条很长，任何一个环节出现安全问题都会带来整个供应链的食品安全隐患。在农产品生产源头，大量农户的分散经营给农产品溯源和质量监管带来了很大难度，以抽检和送检为主的质量控制模式难以约束农户的生产行为，增加了以农药、化肥残留过量为代表的农产品生产源头的质量风险。在加工流通中也存在同样的问题，大量中小规模经营者的分散经营增加了监管的难度，在加工、物流、零售、餐饮等环节均存在发生食品安全风险的可能。

二是食品安全风险影响因素多。与其他类型的公共安全风险相比，食品的生化特性使得其质量安全风险受到更多因素的影响。FAO/WHO认为，食品生产方式的工业化、食品贸易的全球化和食品消费的便利化造成越来越多的风险，影响因素主要包括微生物危害、农药残留物、滥用食品添加剂、化学污染物（包括生物毒素）和人为掺假。在农产品生产源头，农兽药残留、有害金属、环境污染、生物污染均会带来食品安全隐患；在加工过程中，食品添加剂、热加工产生的危害物、新技术和新资源的安全问题以及加工环境等都会影响食品安全；在物流过程中，包装材料的卫生问题、温度不当造成的卫生问题、运输存储中的危害物污染都会带来食品安全问题。此外，人为制售假冒劣质食品也是造成食品安全风险的重要因素。

三是食品安全风险影响范围广。很多公共安全风险影响范围相对有限，一般局限于某一特定区域，而食品安全风险影响范围却相对较大。随着食品生产和消费越来越出现分离的趋势，以及食品产业的不断整合，很多食品已经呈现出全国性大流通的格局。与此同时，由于食品的生化属性，使得部分质量安全风险难以被准确检测出来，特别是在检测技术设备不足或者出现新的食品生产技术的情况下更是如此。质量信息不对称或传递阻滞使得食品安全风险会沿着食品供应链不断向下游传导并积累，最终给公众带来危害的问题食品。以三聚氰胺事件为例，包含三聚氰胺的原奶沿供应链进入企业的生产过程，然后问题奶进入流通环节，随着企业的销售网络进入全国多个市场，最终给消费者造成了很大的伤害。

三、食品供应链的风险因素分析

食品供应链的风险因素是指食物供人类消费之后可能引起致病或损伤的化学性因素、生物性因素和物理性因素。化学性因素是指有毒有害的化学物质对食品的污染，包括天然存在的和添加的化学物质，如非法使用添加剂或过量使用农药造成的农药残留等。生物性因素是指食品受到病毒、细菌、真菌等微生物的污染，或者是受到寄生虫、昆虫等生物的污染，从而引发食品质量问题。物理性因素是指食品加工过程中混入食品的杂质超过规定的含量，如食物中包含玻璃、金属、塑料等异物。化学性因素及生物性因素可能造成食源性疾病和中毒；物理性因素则可能对人体造成损伤。造成食品供应链中产生质量安全风险的原因主要包括以下几个因素：

1. 人为因素

从信息经济学角度看，与其他商品相比，食品的生产与消费之间存在着更大程度的质量信息不对称，容易造成食品交易中的道德风险和逆向选择。道德风险是指在信息不对称条件下，由于契约的不确定或不完全使得本应负有责任的经济主体不需承担其行动的后果，其采取的行动在实现其自身效用增加的同时损害了他人利益。食品供应链主体间有关食品质量信息的不对称容易刺激机会主义动机，使得少数不法食品生产经营者做出有违道德损害他人利益的行为。阿克洛夫（Akerlof，1970）提出的旧车市场模型开创了逆向选择理论。在旧车市场中，汽车卖者和买者之间有关汽车质量信息的不对称造成了旧车市场的逆向选择。市场中的卖者知道旧车的真实质量，而买方则不清楚质量信息，只知旧车的平均质量，只愿意根据平均质量支付价格。这样做造成的结果是：质量高于平均水平的卖家会退出市场，低质量的卖家进入市场，如此循环的结果是只有低质量的旧车成交。对于食品来说也是如此，在没有明确质量信号证明食品质量的前提下，高质量食品难以售出高价格，从而削弱高质量食品生产者提升质量的动机。为此，从经济学视角看，食品质量信息不对称是人为故意降低食品质量甚至生产劣质食品的根本原因。从监管角度看，相对于大量分散、多类型的食品生产经营主体，我国的食品安全监管资源仍然是稀缺的，在基层监管机构设置、执法人员数量、检验检测技术设备等方面还存在很多不足，由此进一步增加了少数机会主义者的侥幸心理，使得他们铤而走险生产质量不合格的食品。

从当前情况看，人为因素仍然是造成我国食品安全风险的主要原因。根据江南大学 2018 年发布的《2017 年中国食品安全事件研究报告》，在 2017 年我国发生的食品安全事件中，人为因素造成的事件仍占多数。《2017 年中国食品安全事件研究报告》还显示，由故意制假造假或欺诈、食品质量指标不符合国家标准、食品添加剂的超范围或过量使用、食品生产加工工艺不合格、在食品中添加使用非食用物质等人为因素造成食品安全事件占比达 51.21%。这其中，食品质量指标不符合国家标准的食品安全事件最多，占 2017 年食品安全事件总数的 21.96%；食品造假或欺诈事件占比为 14.26%；超量或超范围使用食品添加剂事件占比为 7.12%；

使用非食用物质生产食品事件占比 4.35%；食品生产加工工艺不规范事件占比 3.53%[①]。2019 年底媒体曝光的广东佛山病死猪事件，有严重质量安全隐患的病死猪经过"洗白"处理后居然盖上了检疫合格的标签并流入市场，每天数量达数千斤[②]，给消费者的身体带来了巨大的潜在危害[③]。

2. 自然因素

自然因素对食品安全的影响主要包括以下几方面：一是农业面源污染造成的食品供应链源头污染风险。农业面源污染一方面来自农药化肥的大范围、过量使用，禽畜粪便、农膜、秸秆等农业废弃物的增加；另一方面来自农村生活垃圾及污水处理不当造成的农业环境污染。农业面源污染不仅会对农村环境造成危害，也会危害农业生态平衡。长期的农业面源污染积累会对水体和土壤造成严重不良影响，进而影响农产品质量安全。二是农业环境资源污染对食品供应链源头的污染风险。我国的水资源比较短缺，人均水资源占有量仅为世界平均水平的 1/4 左右，且农田灌溉的总用水量占全社会总用水量的比重较大。在总量短缺的同时，我国农业水资源的时空分布也不均衡，部分地区的农业用水极度短缺。在这样的背景下，污水灌溉成为解决农业水资源短缺的一种选择。但是未经处理或者处理不达标的污水通常含有化学污染物、抗生素残留物、微生物或病原体，用其进行农田灌溉会产生巨大的农产品质量安全隐患，危害公众健康。同时，长期污水灌溉会对土壤造成污染，造成土壤重金属超标等问题。2014 年 4 月 17 日，环保部和国土部联合发布了《全国土壤污染状况调查公报》，在调查的 55 个污水灌溉区中，有 39 个存在土壤污染。在 1 378 个土壤点位中，超标点位占 26.4%，主要污染物为镉、砷和多环芳烃[④]。三是微生物污染带来的食源性安全风险。微生物污染即由细菌与细菌毒素、霉菌与霉菌毒素以及病毒造成的动物性食品生物性污染。微生物污染食品的途径可分为内源性污染及外源性污染。内源性污染指由作为食物原料的动植物体本身带有的微生物给食品造成的污染；外源性污染指食品在加工、运输、存储及销售过程中，通过空气、水、动物、人、机械设备、用具等发生的微生物

---

① 2017 年中国食品安全事件研究报告 [EB/OL]. 中国社会科学网，2018 - 12 - 28.

② 斤为非法定单位，1 斤＝500 克。

③ 正规肉联厂洗白病死猪 数千斤病死猪流入市场 [EB/OL]. 海报新闻，2019 - 12 - 03.

④ 全国土壤污染状况调查公报 [EB/OL]. 中华人民共和国中央人民政府门户网站，2014 - 04 - 17.

污染。当前，微生物污染依然是威胁我国供应链食品安全的主要因素。

3. 技术因素

随着科学技术的快速发展，技术因素已经成为造成食品安全风险的重要因素。科技是把双刃剑，科技在给我们带来高效与便利的同时，也成为新的风险来源。随着微生物技术、生物技术、化工合成技术的快速发展，现代食品行业的科技风险性越来越大。各种添加剂、保鲜剂、防腐剂的使用已经远远超出公众的认知范围，即便是食品从业者有时也难以准确辨别供应链中食品的质量安全风险。对于新的食品技术，其安全性的早期甄别成本很高，不能用以往的经验来判断，传统的监测技术设备难以发现新技术带来的质量安全风险。一些技术的安全性在长时间内都无法准确判断，例如转基因食品的安全性长期存在争议。

4. 社会风险

当前，对风险的认知可以分为客观学派和主观学派。客观学派认为风险是客观存在的，不以人的意志为转移；主观学派认为风险是行为主体对风险的认知，是客观风险在人的意识上的映射。基于风险的主观性，食品安全风险具有一定的社会建构性，即食品安全风险会随着信息的传播过程产生"风险的社会放大效应"。风险的社会放大效应包括风险信息在传递过程中信息量的增大、危害性的夸大、信息内容的失真以及由此导致的波及人群的增多、波及领域的扩大[①]。尽管食品安全风险事件直接影响的人群和范围一般都相对有限，但由于食品安全风险的社会放大效应，使食品安全风险事件传播扩散的信息所波及的人群和范围相对扩大，使得食品安全事件接连引发次级的影响，信息传播过程中的扭曲和失真容易把食品安全事件的后果不断主观恶化，引起更多人的关注，从而造成更大的社会风险。

在互联网、自媒体等媒介迅速发展，公众对食品安全的关注度不断提高的情况下，食品安全风险相关信息的传播速度更快，范围更大，更易发酵，其可能引发的社会风险更值得关注。特别是要关注虚假信息的传播，相关研究显示，近年来我国有关食品安全问题的网络谣言占各类网络谣言总数的45%[②]。虚假信息的传播会影响不具备专业知识的公众对食品安全

---

① 张金荣，刘岩，张文霞. 公众对食品安全风险的感知与建构——基于三城市公众食品安全风险感知状况调查的分析 [J]. 吉林大学社会科学学报，2013 (3)：40‐49.

② 吴林海. 我国食品安全基本态势与风险治理 [N]. 光明日报，2017‐06‐08.

事件的客观判断，加剧不理性和不信任态度的形成，增加公众对食品安全的焦虑，对食品行业也会产生不良影响。

四、我国食品安全风险的供应链分布

近年来，随着公众对食品安全的重视程度不断提升，政府对食品安全的监管力度不断加强，我国的食品安全整体水平不断提升。但也应该看到，我国的食品安全形势依然严峻。从食品安全监管部门发布的数据来看，我国的食品安全事件仍呈现频发态势，2017 年食品药品监管部门共查处食品（含保健食品）案件 25.7 万件[①]；2016 年共查处食品（含保健食品）案件 17.5 万件[②]；2015 年共查处食品（含保健食品）案件 24.8 万件[③]；2014 年共查处食品（含保健食品）案件 25.6 万件[④]。2014—2017 年平均每年查处食品案件数量达 23.4 万件。

随着经济社会的发展、消费需求的变化、技术的进步、农业产业化的发展，我国的农产品供应链已经呈现出多元化发展格局，新的农产品供应链主体不断出现，供应链链条不断延长，我国食品供应链结构如图 2-1 所示。

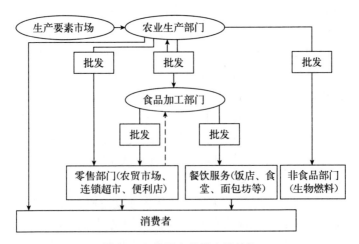

图 2-1 我国食品供应链结构

① 《2017 年食品药品监管统计年报》[EB/OL]. 国家药品监督管理局，2018-04-02.
② 《2016 年食品药品监管统计年报》[EB/OL]. 国家药品监督管理局，2017-05-23.
③ 《2015 年食品药品监管统计年报》[EB/OL]. 国家药品监督管理局，2016-02-02.
④ 《2014 年食品药品监管统计年报》[EB/OL]. 国家药品监督管理局，2015-07-24.

食品供应链结构的复杂性使得其面临更大的质量安全风险。食品供应链的任何一个环节变质或被污染，都可能导致生产出劣质食品。江南大学食品安全风险研究院的研究成果显示，我国食品安全风险主要集中于食品加工环节、食品消费环节、食品流通环节、农产品种植或养殖环节。据2017年我国食品安全事件在供应链上的分布数据显示：食品生产和加工环节的食品安全事件占比达到45.16%；食品消费环节发生食品安全事件占比达32.06%；食品流通环节发生食品安全事件占比为14.05%；农产品种植或养殖环节的食品安全事件占比为8.42%，如图2-2所示①。

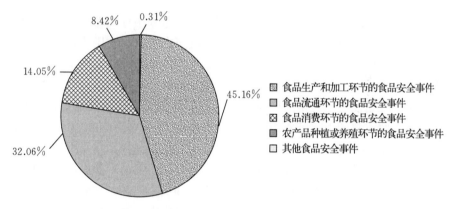

图2-2 2017年我国食品安全事件在供应链上的分布

资料来源：2017年中国食品安全事件研究报告。

1. 食品生产加工环节风险

我国食品行业的市场集中度较低，食品加工行业呈现出中小型加工企业基数大、家庭小作坊多的情况，尤其是在农村或城郊地区小型的食品加工企业更为集中。据《2017年度食品药品监管统计年报》显示：截至2017年11月底，全国共有食品生产许可证15.9万张，食品生产企业14.9万家②。《中国统计年鉴2018》数据显示：截至2017年底，我国规模以上食品企业数量3.35万家，包含2.47万家农副食品加工企业及0.88万家食品制造企业③。从统计数据可以看出，规模以上食品生产企业仅占

---

① 2017年中国食品安全事件研究报告［EB/OL］. 中国社会科学网，2018-12-28.

② 2017年度食品药品监管统计年报［EB/OL］. 国家药品监督管理局，2018-04-02.

③ 中国统计年鉴2018［EB/OL］. 国家统计局.

食品生产企业总数的 22.5％。同时，少数小作坊无照生产食品的行为也是屡禁不止。2016 年全国食品安全监管部门查处无证经营企业 7 741 户；2015 年查处不具备食品生产许可证的经营主体 30 659 户；2014 年查处无证经营企业 34 501 户。与技术成熟、管理规范的大型食品生产加工企业不同，小型的食品加工企业或小作坊不仅缺少良好的卫生环境，在生产技术和工艺上也较为落后，极易造成生产过程中的食品污染。当前，食品生产加工环节的质量安全风险主要表现在以下几个方面：一是食品添加剂的不规范使用。食品添加剂可能是天然物质，也可能是人工合成的物质，其作用在于改善食品的品质或防止食品腐烂变质，或是满足特定加工工艺的需要。部分食品生产企业在食品添加剂的使用过程中存在着超范围、超用量使用的情况；少数不法食品生产经营者甚至在生产中滥用非食品化学添加剂，或者使用质量不符合标准的食品添加剂。食品添加剂的不规范使用特别是非食品化学添加剂的使用造成了极大的食品安全隐患，严重危害公众健康。二是使用不合格的原材料。从被媒体曝光的食品安全事件来看，食品加工原材料的不规范使用多为主观故意行为，具体存在以下情况：使用变质的原材料进行食品加工；使用回收的过期食品作为食品再加工的原料；使用已经被证明含有细菌或病毒的原材料加工食品；使用假冒的食品原材料进行特定食品的生产。三是食品生产环境不达标。食品生产环境的好坏将直接影响食品质量。由于食品生产的特殊性，食品生产企业周边及企业内部应要有良好的卫生条件，远离粉尘、污水、有害气体等污染源，远离潜在的可能滋生大量害虫的区域；食品企业内部应该有良好的卫生条件，厂房和车间要根据生产工艺合理布局，减少食品受污染的风险。食品生产卫生质量差、生产环境不达标会增加食品被细菌、病毒或微生物污染的可能性，从而引发食品质量安全问题。四是食品生产工艺和技术不规范。食品生产工艺不规范造成的食品安全风险可能包括以下几个方面：生产设备磨损或老化产生的细微的金属碎屑或塑料碎屑可能进入食品；设备消毒后清洗不彻底可能导致残留的消毒剂或洗涤剂进入食品；生产过程防护不到位导致灰尘进入食品；热加工过程产生的危害物污染食品。此外，随着技术的不断进步，与食品接触的化学物质不断增加，很多物质的安全性还有待进一步验证。

2. 食品消费环节风险

消费环节的食品安全风险主要包括以下几个方面：一是过期食品继续

销售。少数不法零售商销售过期食品，他们通过直接更换包装或对变质食品进行再处理的方式将过期食品出售给消费者，对消费者健康造成极大危害。过期食品的变质可能是由细菌滋生引起的，也可能是由于长期存储产生了对人体有害的化学物质引起的，这些都是潜在的健康风险。二是假冒伪劣食品的销售。销售假冒伪劣食品的情况在农村地区较多。少数不法经营者通过模仿他人包装的方式将质量低劣的假冒商品冒充品牌食品销售。这些假冒的食品多为不具备生产资质的小作坊加工，其原材料来源、生产环境、加工过程、物流过程、人员素质均难以满足食品生产要求，从而造成食品安全隐患。三是渠道来源不明和流动摊贩销售的食品。某些渠道来源不明的食品具有较大的质量安全风险，这类食品的生产一般较为分散隐蔽，监管难度较大，消费者难以知晓其是否具有生产许可证及加工过程是否合规，如农贸市场中销售的散装食品。同时，很多流动的商贩所销售的食品也具有较大的食品质量安全风险，其原料、加工用具、包装都难以保证食品卫生与安全。四是餐饮领域的食品安全风险。餐饮企业采购食物原料的质量、原料或制成食品的存储、食品制作工艺、食品加工过程所处的卫生环境、餐具的卫生消毒情况等均会影响餐饮环节提供的食品质量。

3. 食品流通环节风险

食品流通过程即食品从生产领域向消费领域转移的过程，这其中包括物流、商流和信息流，食品安全风险主要源自物流过程。食品流通环节的风险主要表现在以下几个方面：一是食品包装风险。食品的包装会对食品安全造成很大影响，包装结构不合理会影响食品的物理属性，如外观破坏、颜色变化、融化、凝固等；包装工艺落后会使食品容易受到细菌的污染，如包装袋漏气；包装材料的安全性也会影响食品质量安全，如金属包装中的重金属或金属涂层中的有毒单体可能溶解入食品之中，某些塑料包装可能产生有毒物质进而威胁食品安全。二是存储过程中的食品污染变质风险。食品存储过程也会影响食品质量，例如食品仓库内不能存放有毒有害物质，食品不能与非食品混放；食品仓库要防止有害生物进入；应根据不同食品的生化属性设置不同的温度，以生鲜农产品为例，其存储可以划分为五个温控区：常温、恒温（15～18 ℃）、8～15 ℃、0～8 ℃、≤−18 ℃。同时，为了增加食品的保存期限，部分批发商在收购及存储食品的过程中违规过量使用防腐剂和保鲜剂，造成食品质量安全问题。三是来自进口食品的安全隐患。随着全球化进程的不断加快，很多食品的全球流通格局已经呈现。2017 年，我国进口食物及活动物商品金额为 543.14 亿美元。其中检测出质量不符合要求的进口食品达 6 631 批次，比 2016 年增长了 117.98%[①]。

4. 农产品种植或养殖环节风险

农产品生产处于食品供应链的源头，为食品加工提供原材料，或直接通过批发零售环节进入消费者手中。改革开放以后，我国农业发展取得了举世瞩目的成就，解决了十几亿人的温饱问题，粮食产量连年增长，但不容忽视的是长期粗放式的增长也使得我国农业发展面临新的挑战，特别是农业面源污染严重，农产品质量安全问题频出。据环境保护部和国土资源部 2014 年发布的《全国土壤污染状况调查公报》显示，全国土壤污染比重达 16%，其中农用耕地污染面积占比达 19.4%[②]。

农产品种植或养殖环节的污染主要来自以下两个方面：

一方面来自其他部门生产给农业带来的负外部性。农业发展的基本环境由于被动接受了工商业转嫁的污染而日趋恶化。早期工业的粗放式增长带来的水污染、土壤污染、大气污染直接给农业农村带来了负面影响，造成农业灌溉水水质不达标，被污染的水、大气通过沉淀作用进入土壤，给农作物的生长环境造成极大的危害，如土壤重金属含量超标等。

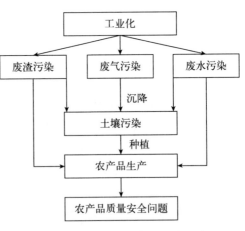

图 2-3　工业化给农业带来的负外部性

工业化给农业带来的负外部性如图 2-3 所示。

另一方面来自农药化肥的不规范过量使用。相关统计数据显示，我国

---

① 海关总署通报 2017 年中国进口食品质量安全状况［EB/OL］. 新华网，2018-07-23.
② 全国农用耕地被污染面积占比 19.4%，如何应对农用地土壤污染？环保部、农业部答记者问！［EB/OL］. 搜狐网，2017-12-01.

的粮食产量占世界粮食总产量的 16%，但化肥使用量却占世界的 31%，每公顷耕地的化肥用量是世界平均使用量的 4 倍。过量使用的化肥随灌溉水或雨水进入地下，既影响了土壤的营养平衡，也降低了土地所生产出的农产品质量。多年来，我国农业生产中的化肥使用量一直处于增长态势，1978 年的农用化肥使用量为 884 万吨，到 2015 年，农用化肥使用量达到 6 022.6 万吨，考虑耕地面积的变化，2015 年使用量约为 1978 年的 4.65 倍。2015 年农业部开始在全国范围内实施《到 2020 年化肥使用量零增长行动方案》，全国农用化肥的使用量才开始呈现下降趋势，但是下降的幅度并不显著，到 2018 年农用化肥使用量仍达 5 653.4 万吨。表 2-1 列出了 2007—2018 年我国农用化肥使用情况。

表 2-1 2007—2018 年我国农用化肥使用情况

年份	耕地灌溉面积（万公顷）	农用化肥使用量（万吨）
2007	5 651.83	5 107.8
2008	5 847.17	5 239.0
2009	5 926.14	5 404.4
2010	6 034.77	5 561.7
2011	6 168.16	5 704.2
2012	6 249.05	5 838.8
2013	6 347.33	5 911.9
2014	6 453.95	5 995.9
2015	6 587.26	6 022.6
2016	6 714.06	5 984.1
2017	6 781.56	5 859.4
2018	6 827.16	5 653.4

资料来源：《中国统计年鉴 2019》。

在农药使用方面，我国农药平均利用率仅为 35%，大部分农药通过径流、渗漏、飘移等流失，污染土壤、水环境，影响农田生态环境安全。多年来，因为农作物播种面积的逐年增大，病虫害防治的难度不断增大，使得我国的农药使用量总体上呈上升趋势。据统计，2013 年我国农作物病虫草害的发生面积达 73 亿亩次，比 2003 年增加了 12.8 亿亩次，增长

21%；2012—2014 年我国农作物病虫害防治农药年均使用量为 31.1 万吨，比 2009—2011 年增长 9.2%[1]。农药的过量使用不仅造成了农业生产成本的增加，同时也成为农业面源污染的重要原因。与化肥使用减量化一样，2015 年农业部开始实施《到 2020 年农药使用量零增长行动方案》，2015—2017 年，我国农药使用量实现了连续 3 年负增长，农药利用率为 38.8%，比 2015 年提高 2.2 个百分点[2]。在农膜使用方面，我国每年的农膜使用量约为 240 万吨，但可回收的农膜不足 140 万吨。农药、化肥等的过量使用，不但污染了耕地，也增加了农产品质量安全的隐患[3]。

---

① 农业部关于印发《到 2020 年化肥使用量零增长行动方案》和《到 2020 年农药使用量零增长行动方案》的通知 [EB/OL]. 中华人民共和国农业部，2015 - 03 - 18.

② 我国农药使用量已连续三年负增长 化肥使用量已实现零增长 [EB/OL]. 中国经济网，2017 - 12 - 22.

③ 我国化肥农药的使用量触目惊心！[EB/OL]. 中国化肥网，2017 - 07 - 19.

第三章　食品安全治理的国际经验

食品安全事关公众健康，具有公共产品属性，食品安全事件具有很大的社会危害性。世界各国均将食品安全治理视为国家治理体系的重要组成。从食品安全整体水平较高的国家来看，其食品安全治理体系均是随着其食品产业的发展而不断完善，随着市场环境和消费需求的变化而不断创新。分析世界各国食品安全治理模式的演进及特点，借鉴先进经验，对于完善我国食品安全治理体系，提高食品安全问题治理绩效具有重要意义。为此，本部分将对部分发达国家和地区的食品安全治理模式及特点进行深入分析，并总结其对我国食品安全治理的启示。

一、美国经验

美国是世界上食品安全水平较高的国家之一。美国政府和公众都非常重视食品安全问题，通过对食品安全管理体制机制的不断优化，当前美国已经形成了较为科学的食品安全治理体系，其治理体系具有以下特点：

1. 构建了完整的法律法规体系

法律法规是食品安全治理的基础，经过多年的不断完善，美国构建了比较完整的食品质量法律法规体系。当前，美国的法律法规系统中涉及食品安全治理的至少有 30 部，几乎能够涵盖所有类型的食品，为食品的生产和监管确立了指导原则和具体操作标准与程序，使得食品安全的各方面均能够有法可依，为保障食品的安全性提供了坚实的基础。这其中，《联邦食品药品和化妆品法》是美国食品安全治理的基本法，该法于 1906 年首次通过，当时称为《联邦食品药品法》，1938 年进行修订时改为《联邦食品药品和化妆品法》。《联邦食品药品和化妆品法》规定了食品安全生产的基本要求以及食品安全监管部门的主要职责。同时，为保障肉类制品的质量安全，美国通过了《联邦肉产品检查法》和《家禽产品检查法》。

2011年，为应对食品安全问题的新形势和新特点，美国通过了《食品安全现代化法》，该法重点强调了以风险预防为主的食品安全监管理念，要求提高防御食品安全问题的能力、提高检测食品安全的能力和应对食品安全问题的能力[①]。

2. 不断完善食品安全监管体制

美国的食品安全由联邦及州政府联合监管，构建了联邦、州、地区相互独立且密切协作、覆盖全国、三级立体监管网络。在联邦层面，由农业部食品安全检验局、卫生与公众服务部食品药品监督管理局、国家环境保护署三个主要部门负责食品安全监管；此外，农业部动植物健康检验局、农业部农业研究服务局、卫生与公众服务部疾病预防控制中心、商务部国家海事渔业局等12个机构协助参与食品安全管理。

美国农业部食品安全检验局（FSIS）主要负责肉、禽、蛋制品的质量安全监督管理，其使命是保证"每个人的食物都是安全的"。食品安全检验局监管的食品占美国食品消费总量的10%～20%。2017年，食品安全检验局对6 500家肉类、禽类、蛋制品工厂进行了检查，共完成1.55亿头牲畜和94.5亿只禽类的食品质量安全检查工作，实施了690万个食品安全和食品防护相关的程序文件[②]。美国农业部其他部门也对农产品质量安全监管负有特定责任，具体见表3-1所示。

表3-1 美国农业部其他部门的食品安全监管职责

联邦机构	具体负责机构	主要职责
农业部	农业市场局	负责制定水果、蔬菜、肉、蛋、奶等常见食品的市场质量分级标准
	农业部动植物健康检验局	负责预防和控制动植物病虫害
	谷物检查、包装和牲畜饲养场管理局	负责制定谷物质量标准、检查程序及市场管理
	农业研究服务局	负责提供科学研究数据，确保食品供应安全并符合国内外相关法规要求

[①] 美国食品安全管理体系分析 [EB/OL]. 中华人民共和国商务部, 2017-01-06.
[②] 美国食品安全检验局发布年度工作报告 [EB/OL]. 国家质量监督检验检疫总局, 2017-12-25.

（续）

联邦机构	具体负责机构	主要职责
农业部	经济研究局	负责提供科学研究数据，确保食品供应安全并符合国内外相关法规要求
	国家农业统计局	负责收集、整理杀虫剂使用量等相关统计数据
	国家食品和农业研究所	负责与大学和科研院所进行合作，研究美国食品安全面临的挑战、应对措施并开展教育活动

资料来源：美国食品安全管理体系分析［EB/OL］. 中华人民共和国商务部，2017-01-06。

卫生与公众服务部食品药品监督管理局（FDA）负责除肉类、禽类、蛋制品之外的所有食品的质量安全监管，其负责监管的食品数量占美国食品消费总量的 80%～90%，监管的美国本土食品相关企业共计 15.4 万家，国外企业 23.3 万家。国家环境保护署（EPA）是美国的独立机构，致力于保护人类的健康和环境。在食品安全监管方面，国家环境保护署主要负责杀虫剂产品的注册，并制定食品中农药残留限量标准及普通饮用水标准。卫生与公众服务部疾病预防与控制中心主要负责预防和控制食源性疾病。

3. 依靠现代信息技术建立了科学的风险管理体系

美国建立了一整套科学的食品安全信息管理体系，包括信息采集、信息分析、信息追溯、信息发布与反馈。基于先进的信息管理体系，美国建立了科学的食品安全风险管理体系。1997 年，美国通过了《总统加强食品安全计划》，首次强调了风险分析对食品安全的重要性。强调通过预测模型或其他的工具方法对食品微生物污染进行风险评估，保证食品安全信息处理的科学性。一是在信息采集方面。美国建立了覆盖全国的食品安全检测网络，其中食品药品监督管理局（FDA）下设的食品安全与应用营养学中心（CFSAN）和农业部下设的食品安全检验局（FSIS）是主要的食品安全检测机构。这两个机构拥有先进的检测设备、大量专业的检测人员和科学家，保证了美国食品安全信息采集的及时性和准确性。二是在风险评估和预警方面。FDA 主要应用风险分析的方法进行风险评估和预警；FSIS 建立了病原减少和危害分析与关键控制点（HACCP）系统，并针对进口食品和周边国家的食品安全风险建立了基于统计分析的预警系统，以及可以实现溯源管理的突发事件管理系统（NRIMS）。三是在风险交流方面。按照美国相关法律规定，各部门、各地区具有披露食品安全信息的责任。在信息采集和风险评估的基础上，美国建立了完善的食品安全风险信息发布机制，食品安全监管部门将对风险评估得出的结果向社会公众公开，并收集公众的意见和看法。食品安全监管部门注重公众对食品安全信息的反馈，反馈的形式包括免费热线、在线提问互动、调查评估等，并对这些信息进行分析和评价，以此作为进一步完善国家食品安全风险分析系统的重要参考。例如 FDA 的社交账户上每天都会对食品召回的详细信息进行公布，使公众能在第一时间了解到食品安全风险。

二、欧盟经验

欧盟统一协调欧洲各国的食品安全监管。1992 年，欧盟通过了修订的《欧盟条约》，确定了欧盟对食品安全规制的权限。从监管机构来看，欧盟的食品安全监管机构体现包括两个层次，即欧盟层次和各成员国层次。在欧盟层次，欧盟理事会负责制定食品安全监管的基本政策，欧盟委员会及其常务委员会负责向欧盟理事会与欧洲议会提出有关食品安全的立法建议，欧洲食品安全管理局负责监测整个食品供应链的质量安全。欧盟于 2002 年通过了《通用食品法》，这是欧盟食品安全治理的基本法律。当前，欧盟各国的食品安全整体水平较高，食品安全监管体系比较完善，主要具有以下特点：

1. 建立了食品安全风险评估和预警机制

在食品安全监管中，欧盟确立了基于事先控制的、预防为主的食品安全监管理念，强调通过风险评估和预警保障食品安全。2002 年，欧盟成立了欧洲食品安全管理局（EFSA），欧洲食品安全管理局负责欧盟的食品安全风险评估，并将评估结果通告欧盟委员会、欧洲议会以及欧盟各成员国，同时及时将风险评估结果向公众公布。欧洲食品安全管理局拥有食品及饲料的风险评估和风险沟通的独立调查权，其内设多个科学小组负责食品安全风险评估工作，并通过科学委员会协调各种意见，保证食品安全风险评估结果的科学性。在食品安全风险评估和管理中，欧洲食品安全管理局建立了风险交流机制。风险交流包括监管机构之间的交流和监管机构与利益相关者之间的交流。欧洲食品安全管理局成立了具有科学咨询职能的咨询论坛，成立的目的在于欧洲食品安全管理局与各成员国之间就食品安全风险进行交流，对食品安全风险信息进行收集和知识汇集。2005 年，欧洲食品安全管理局建立了利益相关者咨询平台，该平台的主要功能是收集食品供应链中利益相关者的建议。为了应对各成员国食品安全风险，欧盟于 1979 年就建立了食品与饲料快速预警系统（RASFF），便于各成员国政府间就食品或饲料的风险信息进行交流。RASFF 由欧盟委员会、EFSA 以及欧盟各国组成。任何欧盟成员国获取到食品安全危害信息后，会在第一时间通知 RASFF 委员会，并建议其启动预警系统。

2. 构建了覆盖食品供应链的质量可追溯体系

欧盟于 2000 年 1 月发布了《食品安全白皮书》，提出了 84 项建议，首次提出了"从农场到餐桌"的食品安全全程监管理念。《食品安全白皮书》要求欧盟食品安全政策的制定必须建立在风险评估、风险管理和风险交流的基础之上。《食品安全白皮书》提出要实施可持续的、日常的食品安全信息管理，以便能够对潜在的危害做出及时的反应。基于"从农场到餐桌"的监管理念，欧盟对食品质量追溯做出了明确细致的要求。2002年 1 月通过的《通用食品法》将可追溯界定为："在生产、加工及销售的各个环节，对食品、饲料、食用动物以及有可能成为食品或饲料组成部分的物质的追溯或追踪能力"。可追溯制度要求食品生产经营者对食品原料和食品的流向做全程记录，不具备可追溯性的食品不得在欧盟范围内进行销售。以肉制品为例，欧盟要求牲畜饲养者应详细记录饲料来源、牲畜患病、兽药使用情况信息并保存；屠宰加工场在收购活体畜禽时，养殖者必须提供上述记录信息；在畜禽屠宰后，则实施强制性标识制度，标识信息应包括二维码编号、畜禽出生地、屠宰场批号、加工厂批号等内容，由此可以实现对每块畜禽肉的跟踪和溯源。同时，根据食品质量可追溯制度的要求，食品生产经营者应该在生产之前就制定出问题食品的处理预案及召回程序，保证一旦食品出现危害风险就能及时召回。

3. 建立了完善的食品质量安全管理体系

欧盟是世界上食品安全水平较高的地区之一，得益其完善及严格的食品质量安全管理体系。一是食品质量标准体系。欧盟的食品安全标准既注重与国际标准化组织（ISO）、国际食品法典委员会（CAC）等国际标准对接，又注重体现各成员国的特点、符合各成员国的实际。同时，随着食品安全形势的发展，欧盟会动态调整其食品质量标准体系。二是食品质量认证体系。除 ISO 系列国际标准认证之外，欧盟建立了统一的食品质量认证体系，欧盟的食品质量认证体系如表 3-2 所示。三是食品质量检测

表 3-2 欧盟的食品质量认证体系

序号	认证	内容
1	CE 认证	CE 认证是一种强制性的安全认证，只有通过 CE 认证产品才能进入欧盟市场。CE 认证表明企业的产品符合欧盟《技术协调与标准化新方法》指令的基本要求
2	欧盟有机食品认证	遵循欧盟《关于农产品和食品有机生产委员会法令》，同时也对接世界卫生组织和联合国粮食及农业组织的有机标准。目的在于建立农业可持续管理体系，尊重自然规律，维持和提高土壤、水、植物和动物的健康，保持它们之间的平衡。认证内容涉及农产品生产、加工、包装、运输、存储、标识等
3	危害分析与关键控制点分析（HACCP）认证	HACCP 认证程序包括企业申请、认证审核、证书保持、复审换证四个阶段
4	良好操作规范（GMP）	对食品生产、进口、投入市场的卫生规范和要求，包括疾病控制规定、农药兽药残留控制规定、食品生产经营的卫生规定、检疫规定、第三国食品准入规定、出口国卫生证书的规定

资料来源：周峰. 欧盟食品安全管理体系对我国的启示 [J]. 山东行政学院学报，2015，141 (2)：120-123。

体系。欧盟的食品质量检测机构包括两类，即官方检测机构和官方认可的私人志愿机构。四是执法监督体系。欧盟构建了职责分明的食品质量安全执法监督体系，其中欧洲食品安全管理局统一负责协调欧盟内部的食品安全相关事务，同时承担食品安全风险管理职能；欧盟公众健康和消费者保护部主要负责监督各成员国在食品安全和消费者权益保障方面的工作；欧盟食品与兽医办公室隶属于欧盟公众健康和消费者保护部，主要负责对欧盟成员国及第三国实施食品安全相关法规、标准的情况进行监督。

三、日本经验

日本是世界上对食品安全监管最为严格的国家之一，其食品安全整体水平也较高。日本的食品安全管理起步较早，以"保护国民健康"为宗旨，已经构建了相对完备的法律法规体系和以过程化管理为核心的食品安全制度保障体系。日本的食品安全监管具有以下特色：

1. 政府监管与企业自律并重

近年来，日本的食品安全管理更加注重发挥食品企业的主体作用，以降低食品安全监管成本，提升监管效能。政府的职责主要为制定规则，引导食品企业执行规则并进行监督，目的在于充分发挥食品企业对食品安全管理的主观能动性。日本引入了 HACCP、GAP、ISO 系列标准及食品质量可追溯体系等一系列食品安全管理规范，并引导企业执行，提升企业的自律性[①]。2003 年，日本通过了《食品安全基本法》，该法规定食品生产经营者为食品安全第一责任人，且有义务准确提供食品生产经营中有关食品安全的信息。在日本，大部分食品企业都有较强的自律性，能够对食品生产经营的各个环节进行严格的质量管理，同时也会向社会公众公开食品生产经营的相关信息。企业也很重视自身的信誉，对于有问题的食品或不符合国家标准的食品会主动进行召回，从而赢得公众的信任。2008 年，日本农林水产省推动实施了"食品交流工程"（FCP），意在通过强化信息交流增强消费者对食品安全的信心。在 FCP 中，大型食品企业起主导作用，通过大型食品企业的内部交流、大型食品企业与中小型食品企业的交流、食品企业与消费者之间的交流等促进食品质量控制标准的形成，通过大型企业的示范效应增强食品企业的自律性。

2. 注重食品安全的社会共治

社会共治是日本食品安全治理的特色。日本的《食品安全基本法》中分别规定了国家的责任、地方公共团体的责任、食品相关业者的责任及消费者的作用。在食品安全治理中，强调应发挥消费者的作用，提出消费者应加深对食品安全知识的理解，能够对食品安全监管措施发表自己的见解。日本《食品安全基本法》提出在内阁中设立食品安全委员会，委员会由 7 名委员组成，3 人为常务委员。食品安全委员会的 7 名委员均是民间专家，由首相任命及国会批准。食品安全委员会下设独立的食品安全监督员体系，消费者可以以食品安全监督员的身份积极参与，监督员深入民间及时发现食品安全风险隐患。同时，食品安全委员会的官方网站会及时向公众公布各种食品安全信息和风险预警，并可以通过专门设置的消费者接待窗口随时接受公众的咨询。

3. 充分关注食品安全信息的收集和交流

信息工具的使用是日本食品安全治理的特色，日本构建了以"食品安全信息公开"和"食品安全标志"为重点的食品安全风险管理体系。厚生

---

① 日本食品安全的管理 ［EB/OL］. 中华人民共和国商务部网站，2008－02－28.

劳动省设立了食品风险信息官，农林水产省设立了消费者信息官，分别负责食品安全信息管理以及食品消费者信息管理①。日本在食品安全治理中十分重视信息的收集和共享交流。一是注重监管机构之间的信息共享。当前，日本的食品安全监管机构主要包括食品安全委员会、农林水产省、厚生劳动省和消费者厅。其中，食品安全委员会独立于政府部门之外，不受政治和食品企业界的影响，主要负责风险评估、管理和交流，以及食品安全的紧急情况处理；农林水产省负责实施对农产品质量安全的监管，包括农产品的生产、运输、存储、加工、流通和农药管理等；厚生劳动省负责食品许可经营的管理，包括食品加工、餐饮、流通以及进口食品管理；消费者厅主要负责保障消费者在食品消费中的权益。日本的《食品安全基本法》明确规定食品安全监管机构之间要加强沟通，实现信息共享。二是注重与公众的信息交流。日本很重视消费者食品安全风险素养的培养。《食品安全基本法》提出，在制定食品安全治理政策时应加强对国民的食品安全知识教育，加深公众对食品安全知识的理解。日本在 2005 年 7 月开始实施《食育基本法》，强调对食品安全相关信息开展意见交流，对公众进行食品安全风险教育。三是注重对媒体的管理。引导媒体在食品安全风险管理中发挥积极作用，加强食品安全监管部门应对媒体的能力，避免媒体的不客观报道造成不良社会影响。

四、加拿大经验

加拿大的食品安全整体水平长期排在世界前列，食品安全是整个国家的关注点。加拿大也一直被认为是全球对食品安全管理最为严格的国家之一，其食品卫生检疫检测体系堪称世界各国的典范。了解加拿大的食品安全管理体系和制度，对于我国的食品安全治理具有较强的借鉴意义。加拿大的食品安全治理具有以下特点：

1. 食品安全监管机构不断优化

随着经济社会的发展和国际国内环境的变化，加拿大不断优化其食品安全管理体系。1997 年 4 月，加拿大整合了食品安全管理机构，建立了加拿大食品检疫局（CFIA），将加拿大农业与农业食品部、工业部、卫生部、渔业与海洋部的食品安全监管职能统一归入食品检疫局。食品检疫局

---

① 张锋．日本食品安全风险规制模式研究［J］．兰州学刊，2019（11）：90-99.

的主要职责是管理食品安全风险，协助消费者选择健康安全的食品。除食品检疫局外，加拿大涉及食品安全管理的部门还包括卫生部、公共卫生署、边境服务局（表3-3）。各监管部门之间保持协同合作、信息共享和交流，共同保证消费者食品安全。

表3-3 加拿大主要食品安全监管部门

序号	部门	职能
1	食品检疫局	食品召回，进口食品、动植物的许可及通知，食品标签管理，食品检查和执行，消费者保护，出口食品许可，食品工业标准制定和检查，食品许可证管理，植物品种和健康管理，有机食品管理
2	卫生部	制定食品安全、食品营养、均衡饮食的标准、政策和法规
3	公共卫生署	食源性疾病的监测
4	边境服务局	检查进口食品的许可证

资料来源：Health Canada、Canadian Food Inspection Agency 等官方网站。

2. 科学的食品安全危机管理

当前，加拿大已经建立了科学有效的食品安全危机管理系统，为保障食品安全发挥了重要作用。一是预防性食品安全控制。加拿大食品检疫局是负责食品质量检测的专门机构，其采取的检测方式为预防式检测，体现事前控制的原则，对很多食品在进入市场之前就进行危害检测，以保证消费者所购买的食品是安全的。在食品质量检测中，如发现危害因素，食品检疫局可立即要求零售商停止销售该批食品，并要求食品生产企业进行整改。同时，食品检疫局还会及时主动公开问题食品信息，对消费者购买做出预警。二是高效的危机处置。依靠完备的法律法规体系，加拿大构建了科学的食品安全危机处置机制。正是由于加拿大的法律法规对食品的检疫、信息公开、召回等均做出了明确要求，使得加拿大能够对2008年枫叶食品厂熟肉危机做出快速反应和科学处置，避免由一次质量危机转变为行业危机甚至社会危机。

3. 以 HACCP 为核心的食品安全增强计划

食品安全增强计划（food safety enhancement program，FSEP）是加拿大食品安全监管的一大特色，FSEP 是食品检疫局开展食品安全监管的一个核心项目。FSEP 的核心是风险管理。FSEP 的执行分为几个步骤：一是基础条件。这个基础条件是保障食品安全的最低标准，包括生产规范、运输规范、卫生规范、人员规范等。二是执行危害分析与关键控制点分析（HACCP）。FSEP 的执行是以 HACCP 为核心的，HACCP 是一个预防型体系，保障食品供应链中所有关键控制点上的污染源都要被清除。三是获取证书。证书的作用主要是表明食品生产经营过程的质量控制符合基础条件和 HACCP 要求。

五、国际经验的启示

从发达国家的食品安全治理经验来看，发达国家基本上都是把食品安全放在至关重要的位置，顺应经济社会发展趋势不断完善食品安全管理体系，实施了很多先进的管理方式，很多经验值得我国借鉴。国际经验对完善我国食品安全管理体系的启示主要包括以下几个方面：

1. 完备的法律法规体系的支撑作用

法律法规体系是食品安全治理的基础，法律法规对食品安全管理具有统领性、引导性和约束性的作用。从发达国家的食品安全治理经验来看，他们的食品安全管理体系无不是建立在法律法规规定的框架之上的，且法律法规体系是不断调整和完善的。美国涉及食品安全管理的法律有 30 多部，日本与食品安全有关的法律也有 13 部，欧盟的食品安全相关法律有 20 多部。为此，应随着时代背景和内外部环境的变化不断完善食品安全管理的法律法规体系，使得食品安全监管机构设置、食品安全规制职能行使、食品安全利益相关者的责权利设置都在法律法规的框架之下，从而保证食品安全管理的权威性、规范性和有效性。

2. 强调食品安全风险管理的重要性

当前，风险管理已经成为世界各国普遍认可的食品安全治理方式。这一方面源于公众对食品安全的期望和关注度越来越高；另一方面源于影响食品安全的因素越来越多，越来越复杂，危害性越来越大。风险管理是一种预防式的食品安全治理方式，强调食品在进入市场之前就要尽可能消除所有风险因素。为此，食品安全管理体系应围绕风险管理进行设计和完善，在法律法规、监管体制和制度、治理模式中融入公众健康至上和风险管理理念，做到合理规避食品安全风险、有效预警食品安全风险、科学处置食品安全风险。

3. 注重信息的基础作用和信息工具的使用

信息是食品安全治理的基础，无论是食品安全风险评估还是监管执法都需要以信息为依据。从发达国家的食品安全管理经验来看，发达国家基本上都从法律层面对食品安全相关信息的收集、共享和公开做出了规定。食品安全问题产生的本质原因在于信息不对称，造成公众对食品安全问题不信任的原因也在于信息不透明。为此，在食品安全管理中应充分注重信息的基础作用和信息工具的使用。应充分发挥现代信息技术的作用，在政府、食品企业、公众等食品安全利益相关者之间建立通畅的信息交流渠道，规定食品生产经营者的信息披露责任、完善政府部门的食品安全信息发布制度和风险预警体系、保障消费者对食品安全的知情权。

4. 与时俱进地动态调整监管机构

尽管发达国家的食品安全整体水平较高，食品安全管理体系相对完善，但其监管机构仍然在不断调整之中，以适应环境变化。从发达国家的经验来看，综合化、专业化监管已经成为趋势，很多国家的食品安全监管体制改革路径都是不断整合监管职能、提升专业化能力，更加注重"从农田到餐桌"的全链条监管。为此，应基于内外部环境的变化与时俱进地动态调整食品安全监管机构体系，突出监管资源的优化整合、提升科学化监管能力、增强监管的触达性，建立覆盖食品生产、加工、流通全链条的责任监管体系，提升食品安全监管绩效。

第四章　我国食品安全监管现状

民以食为天，食以安为先。食品安全不仅是衡量一个国家人民生活水准和社会管理水平的重要标志，也是保障人民健康、维护国家安定和谐的关键。伴随着社会进步，人们的生活水平日渐提升，食品安全问题越来越受到公众的重视。多年来，我国一直将食品安全问题作为重点治理领域，取得了显著的成绩，但仍有许多尚待改善的地方。本部分将对我国食品安全监管现状进行分析。

一、我国食品安全监管体系

根据世界卫生组织和联合国粮农组织的定义，食品安全监管是指："由国家或地方政府机构实施的强制性管理活动，旨在为消费者提供保护，确保从生产、处理、储存、加工直到销售的过程中食品安全、完整并适于人类食用，同时按照法律规定诚实而准确地贴上标签。"食品安全监管体系是指在食品安全监管过程中，互相联系互相制约的各个组成部分构成的有机整体，这个体系具有整体性、相关性、目的性和环境的适应性等特征。食品安全监管体系是要素的集合体，其功能是由体系内部要素的有机联系和结构所决定的。当前，我国的食品安全监管体系（表4-1）由监管体制、监管机制和监管能力三部分构成。

表4-1　我国食品安全监管体系

食品安全监管体系	监管体制	法律	《中华人民共和国食品安全法》《中华人民共和国农产品质量安全法》等
		体制	监管部门间的分工协调，中央与地方分工协调
	监管机制	监管机制	食品安全监管的激励机制
			食品安全监管的惩罚机制
			食品安全监管的信息沟通机制

（续）

		标准体系	标准制定，标准执行，标准推广
食品安全监管体系	监管能力	检验检测体系	检验检测机构，检验检测的流程规范
		风险管理体系	风险评估机构，监测数据收集，风险交流
		认证体系	认证机构资质管理，认证分级，认证知识、宣传，认证监督
		社会监督体系	信息披露规范，食品安全基础知识普及与教育
		应急管理体系	应急预案，应急处置机制，部门协调

资料来源：周应恒，王二朋. 中国食品安全监管：一个总体框架［J］. 改革，2013（4）：19-28。

1. 食品安全监管体制

食品安全监管体制是指履行食品安全监管职能的机构设置、管理权限划分及其相互关系的组织结构与制度。从国际经验上看，食品安全监管体制大致包括三种类型：一是单一部门体制，即食品安全监管由一个部门负责；二是多部门体制，即食品安全监管职能由若干政府部门共同承担；三是综合体制，即在多部门体制的基础上，将食品安全监管纳入一个国家级的独立机构之中。2013 年，我国进行了食品安全监管体制改革，将原有的分段监管体制改为统一监管，即原来分散于质监、工商、卫生、食药监等部门的食品安全监管职能统一划归新组建的国家食品药品监督管理总局，农业部门仍然负责初级农产品质量安全监督管理。2018 年，按照"综合化、专业化"监管的方向，我国进一步对食品安全监管体制进行了优化，整合原国家食品药品监督管理局、质量监督检验检疫总局、工商行政管理局的食品安全监管职能，由新组建的国家市场监督管理总局统一执行食品安全监管职能。

2. 食品安全监管机制

食品安全监管机制是指监管主体对监管客体的监管方法。食品安全监管机制包括激励机制、惩罚机制和信息沟通机制。激励机制主要是指通过正向激励引导食品生产经营者生产和销售安全食品，包括税收优惠、财政补贴、市场优先准入、市场信用等级制度等。惩罚机制包括质量担保、责任保险、扣分-触发惩罚、黑名单制度等。信息沟通机制主要是针对消费者对食品安全信息的需求，通过建立通畅的信息沟通渠道，实现食品安全信息的透明化。信息沟通机制的基础是建立食品安全信用体系和建立信息共享平台。

3. 食品安全监管能力

食品安全监管能力指食品安全监管资源的配置和运用，包括食品安全标准体系、检验检测体系、风险管理体系、认证体系、社会监督体系和应急管理体系。其中，食品安全检验检测体系承担着为政府提供技术决策、技术服务和技术咨询的重要职能；食品安全风险管理体系是一个包括评估机构、监测数据、检测技术、控制技术等在内的综合体系；社会监督体系是指公众或社会组织参与食品安全监管的机制和模式；应急管理体系包括应急预案制定、完善应急处置机制、加强部门协同等方面。

二、我国食品安全监管现状

党的十九大报告提出，中国特色社会主义进入新时代，我国社会主要矛盾已经转化为人民日益增长的美好生活需要和不平衡不充分的发展之间的矛盾。改革开放以来，我国的经济发展取得了举世瞩目的成就，人民群众的物质生活极大丰富，思想和观念也发生了巨大的改变。人民群众由过去的追求温饱到现在追求美好的生活，对食品的要求也从"吃饱""吃好"到"吃得健康"的转变。党和政府高度重视食品安全问题，在法律法规、政策体系、监管体制机制、标准体系等方面持续不断改进，做出了一系列重大改革，全力保障人民群众"舌尖上的安全"。

1. 法律法规不断完善

法律法规是食品安全监管的基础，纵观国外食品安全整体水平较高的国家，无不是以完备的法律为基础构建食品安全监管体系。1982 年，我国出台了首部食品卫生领域的法律《中华人民共和国食品卫生法（试行）》，对食品的卫生、食品添加剂的卫生、食品容器卫生、包装材料卫生、食品用具卫生、食品卫生标准和管理、食品卫生管理、食品卫生监督等均做出了详细的要求。1995 年，《中华人民共和国食品卫生法》在《中华人民共和国食品卫生法（试行）》基础上进行修订完善后正式通过。2009 年 2 月，第十一届全国人民代表大会常务委员会第七次会议通过了《中华人民共和国食品安全法》，原《中华人民共和国食品卫生法》于 2009 年 6 月废止。2015 年 4 月，第十二届全国人民代表大会常务委员会第十四次会议对《中华人民共和国食品安全法》（以下简称《食品安全法》）进行了第一次修订。2018年12月，第十三届全国人民代表大会常务委员会第七次会议通过《全国人民代表大会常务委员会关于修改〈中华人民共和国产品质量法〉等五部法律的决定》，对《食品安全法》再次进行修订。

2015年修订的《食品安全法》于2015年4月24日公布，自2015年10月1日起生效。2015年修订后的《食品安全法》与2009年颁布的《食品安全法》相比做了较大修改，主要特点如下（下文中的引用表述直接来源于2015年修订的《食品安全法》）：

一是首次提出了食品安全问题社会共治的理念，提出"食品安全工作实行预防为主、风险管理、全程控制、社会共治，建立科学、严格的监督管理制度。"

二是强化了基层政府的食品安全监管责任，提出"县级以上人民政府应当将食品安全工作纳入本级国民经济和社会发展规划，将食品安全工作经费列入本级政府财政预算，加强食品安全监督管理能力建设，为食品安全工作提供保障。县级以上地方人民政府实行食品安全监督管理责任制。上级人民政府负责对下一级人民政府的食品安全监督管理工作进行评议、考核。"

三是加强对农业投入品的管理，提出"国家对农药的使用实行严格的管理制度，加快淘汰剧毒、高毒、高残留农药，推动替代产品的研发和应用，鼓励使用高效低毒低残留农药。"

四是对食品安全风险评估做出了更加明确的要求，明确了需要进行风险评估的情形，包括"通过食品安全风险监测或者接到举报发现食品、食品添加剂、食品相关产品可能存在安全隐患的；为制定或者修订食品安全国家标准提供科学依据需要进行风险评估的；为确定监督管理的重点领域、重点品种需要进行风险评估的；发现新的可能危害食品安全因素的；需要判断某一因素是否构成食品安全隐患的；国务院卫生行政部门认为需要进行风险评估的其他情形。"

同时，对食品安全风险监测和风险交流提出了具体的要求，包括"承担食品安全风险监测工作的技术机构应当根据食品安全风险监测计划和监测方案开展监测工作，保证监测数据真实、准确，并按照食品安全风险监测计划和监测方案的要求报送监测数据和分析结果。食品安全风险监测工作人员有权进入相关食用农产品种植或养殖、食品生产经营场所采集样品、收集相关数据。县级以上人民政府食品药品监督管理部门和其他有关部门、食品安全风险评估专家委员会及其技术机构，应当按照科学、客观、及时、公开的原则，组织食品生产经营者、食品检验机构、认证机构、食品行业协会、消费者协会以及新闻媒体等，就食品安全风险评估信息和食品安全监督管理信息进行交流沟通。"

五是加强对食品安全标准制定和执行的管理，包括"制定食品安全标准，应当以保障公众身体健康为宗旨，做到科学合理、安全可靠。食品安全标准是强制执行的标准。省级以上人民政府卫生行政部门应当会同同级食品药品监督管理、质量监督、农业行政等部门，分别对食品安全国家标准和地方标准的执行情况进行跟踪评价，并根据评价结果及时修订食品安全标准。"

六是对食品质量可追溯做出了要求，提出"国家建立食品安全全程追溯制度。食品生产经营者应当依照本法的规定，建立食品安全追溯体系，保证食品可追溯。国家鼓励食品生产经营者采用信息化手段采集、留存生产经营信息，建立食品安全追溯体系。"

七是对餐饮业和食品添加剂管理提出了更明确的要求，包括对原材料、食品加工过程、食品储存、餐具消毒等做出了明确的规定；对食品添加剂的生产和经营做出了明确的要求。

八是对基于互联网的食品交易提出了要求，提出"网络食品交易第三方平台提供者应当对入网食品经营者进行实名登记，明确其食品安全管理责任；依法应当取得许可证的，还应当审查其许可证。"

九是对食品安全事件的应急处置提出了更科学的要求，提出"食品安全事故应急预案应当对食品安全事故分级、事故处置组织指挥体系与职责、预防预警机制、处置程序、应急保障措施等作出规定。"

十是对食品生产经营者和监管者的法律责任做出了更加明确的要求。

2018年新修订的《中华人民共和国食品安全法》主要是根据2018年国务院机构改革对食品安全监管体制的调整而做出了相应的修订。《国务院机构改革方案》提出："将国家工商行政管理总局的职责，国家质量监督检验检疫总局的职责，国家食品药品监督管理总局的职责，国家发展和改革委员会的价格监督检查与反垄断执法职责，商务部的经营者集中反垄断执法以及国务院反垄断委员会办公室等职责整合，组建国家市场监督管理总局，作为国务院直属机构。"由市场监督管理总局执行食品安全综合监管的职能。

此外，为保障农产品质量安全，2006年4月29日，第十届全国人民代表大会常务委员会第二十一次会议通过了《中华人民共和国农产品质量安全法》，于2006年11月1日起施行。2018年10月26日，第十三届全国人民代表大会常务委员会第六次会议对《中华人民共和国农产品质量安全法》进行了修订。《中华人民共和国食品安全法》和《中华人民共和国农产品质量安全法》是保障我国食品安全的基本法律，是保障食品安全的基础。

2. 政策体系不断完善

食品安全政策在食品安全监管系统中具有重要的作用。政府是食品安全监管的主体，其颁布的政策是促进食品安全问题解决的重要手段，对于食品安全风险防范、食品生产经营者及监管者责任的落实、食品安全监管体系的构建均有重要影响。近年来，党和政府出台了一系列政策文件，不断完善食品安全监管的政策体系，严格把控食品生产流通的每一道防线，食品安全监管能力和水平不断提升。表4-2列出了2013年以来党和政府出台的与食品安全相关的主要政策文件。

3. 监管体制不断优化

食品安全既是"产"出来的，也是"管"出来的，为确保食品安全战略的成功实施，食品安全监管体制改革至关重要。食品安全监管体制涉及监管方式、监管机构及职能、监管责任、监管队伍及执法、技术资源等多方面，是保障食品安全的基础。为了成功地回答"让人民吃得放心"的问题，党和政府持续推进食品安全监管体制改革，做出了很多重大调整，食品安全监管效能不断提高，食品安全总体形势持续稳定向好。2003年以前，我国基本上是以卫生部门为食品安全监管的主要部门。2003年我国在国家药品监督管理局的基础上组建了国家食品药品监督管理局，其职能定位为负责食品安全综合监督、组织协调和组织查处重大食品安全事故，同时负责保健食品的审批。2004年9月1日，国务院印发《国务院关于进一步加强食品安全工作的决定》，文件提出："进一步理顺有关监管部门的职责。按照一个监管环节由一个部门监管的原则，采取分段监管为主、品种监管为辅的方式，进一步理顺食品安全监管职能，明确责任。"2004

表4-2 2013年以来党和政府出台的与食品安全相关的主要政策文件

文件	时间	部分关键内容描述
中共中央关于全面深化改革若干重大问题的决定	2013年11月（党的十八届三中全会公报）	深化行政执法体制改革。加强食品药品等重点领域基层执法力量。健全公共安全体系。完善统一权威的食品药品安全监管机构，建立最严格的覆盖全过程的监管制度，建立食品原产地可追溯制度和质量标识制度，保障食品药品安全
中央农村工作会议	2013年12月	食品安全源头在农产品，基础在农业，必须正本清源，首先把农产品质量抓好。要把农产品质量安全为转变农业发展方式，加快现代农业建设的关键环节。用最严谨的标准、最严格的监管、最严厉的处罚、最严肃的问责，确保广大人民群众"舌尖上的安全"。食品安全，首先是"产"出来的，要把住生产环境安全关，治地治水、净化农产品产地环境。切断污染物进入农田的链条。对农药残严重超标的耕地、水等，要划定食用农产品禁止生产区域，进行集中修复，控肥、控药、控添加剂，严格管制乱用、滥用农业投入品。食品安全，也是"管"出来的，要形成覆盖从田间到餐桌全过程的监管制度，建立更为严格的食品安全追溯体系，尽快建立全农产品质量安全追溯体系，抓紧建立全国统一的农产品和食品安全信息追溯平台，严厉打击食品安全犯罪，使权力和责任落密挂钩，出重拳、绝不姑息，充分发挥群众监督、舆论监督的重要作用。要大力培育食品质量品牌，用品牌保证人们对产品质量的信心
国务院办公厅关于积极推进供应链创新与应用的指导意见	2017年10月（国务院办公厅印发）	提高质量安全追溯能力。建立基于供应链的重要产品质量安全追溯机制，针对肉类、中药材等食用农产品、婴幼儿配方食品、肉制品、乳制品、食用植物油、白酒等食品，种子等农业生产资料，将供应链上下游企业全部纳入追溯体系，构建来源可追、去向可追、责任可究的全链条可追溯体系，提高消费安全水平

（续）

文件	时间	部分关键内容描述
"十三五"国家食品安全规划	2017年2月（国务院印发）	主要任务：（一）全面落实企业主体责任；（二）加快食品安全标准与国际接轨；（三）完善法律法规制度；（四）严格源头治理；（五）严格过程监管；（六）强化抽样检验；（七）严厉处罚违法违规行为；（八）提升技术支撑能力；（九）加快建立职业化检查员队伍；（十）加快形成社会共治格局；（十一）深入开展"双安双创"行动
决胜全面建成小康社会夺取新时代中国特色社会主义伟大胜利	2017年10月的十月（党的十九大报告）	实施食品安全战略，让人民吃得放心
乡村振兴战略规划（2018—2022年）	2018年9月（中共中央、国务院印发）	保障农产品质量安全。实施食品安全战略。加快完善农产品质量和食品安全标准、监管体系。加快建立农产品质量安全标准体系。推进农产品生产投入品使用规范化。建立全农产品质量安全风险评估、监测预警和应急处置机制，实现全国动植物疫病防控联控。完善农产品认证体系和农产品质量安全监管追溯系统，实施动植物保护能力提升工程。着力提高基层监管能力。落实生产经营者主体责任。强化农产品生产经营者的质量安全意识。建立农资和农产品企业信用信息系统。对失信市场开展联合惩戒
地方党政领导干部食品安全责任制规定	2019年2月（中共中央办公厅、国务院办公厅印发）	建立地方党政领导干部食品安全工作责任制，应当遵循以下原则：（一）坚持党政同责，一岗双责，权责一致、齐抓共管，失职追责；（二）坚持谋发展必须谋安全、管行业必须管安全，管业务必须管安全、管生产经营必须管安全；（三）坚持综合运用考核、奖励、惩戒等措施，督促地方党政领导干部履行食品安全工作职责，确保党中央、国务院关于食品安全工作的决策部署贯彻落实地方各级党委和政府对本地区食品安全工作负总责，主要负责人是本地区食品安全工作第一责任人，班子其他成员对分管（含协管、联系）行业或者领域内的食品安全工作负责

（续）

文件	时间	部分关键内容描述
中华人民共和国食品安全法实施条例	2019年3月（国务院第42次常务会议通过）	（一）总则；（二）食品安全风险监测和评估；（三）食品安全标准；（四）食品生产经营；（五）食品检验；（六）食品进出口；（七）食品安全事故处置；（八）监督管理；（九）法律责任；（十）附则。其中总则包括：①根据《中华人民共和国食品安全法》，制定本条例。②食品生产经营者应当依照法律、法规和食品安全标准从事生产经营活动，建立健全食品安全管理制度，采取有效措施预防和控制食品安全风险，保证食品安全。③国务院食品安全委员会负责分析食品安全形势，研究部署、统筹指导食品安全监督管理工作。县级以上地方人民政府统一负责、领导、组织、协调本行政区域的食品安全监督管理工作，建立健全食品安全全程监督管理工作机制和信息共享机制，做好食品安全监督管理工作。④县级以上人民政府食品安全监督管理部门和其他有关部门应当依法履行职责，协助县级人民政府做好本行政区域的食品安全监督管理工作。乡镇人民政府和街道办事处应当支持、协助县级人民政府食品安全监督管理部门及其派出机构依法开展食品安全监督管理工作。⑤国家将食品安全知识纳入国民素质教育内容，普及食品安全科学常识和法律知识，提高全社会的食品安全意识
中共中央国务院关于深化改革加强食品安全工作的意见	2019年5月9日	（一）深刻认识食品安全面临的形势。（二）总体要求。（三）建立最严谨的标准。加快制修订标准。创新标准工作机制；强化标准实施。（四）实施最严格的监管。严把产地环境安全关；严把农业投入品生产使用关；严把粮食收储质量安全关；严把食品加工质量安全关；严把流通销售质量安全关；严把餐饮服务质量安全关。（五）实行最严厉的处罚。完善食品安全法律法规；严厉打击违法犯罪；强化信用联合惩戒；落实生产经营者主体责任。（六）坚持最严肃的问责。明确监管事权；落实生产经营者主体责任；加强生产经营过程控制；建立食品安全追溯体系。（七）落实生产经营者主体责任。落实质量安全管理责任；改革许可认证制度；实施食品安全追溯计划；积极投保食品安全责任保险。（八）推动食品产业高质量发展。加强技术支撑能力建设；推动食品产业转型升级；加强监管队伍专业化水平；加强技术支撑能力建设。（九）提高食品安全风险管理能力。加强风险监测评估；提高监督抽检监测能力；完善投诉举报机制；鼓励食品安全法制科普宣传；提高突发事件应急处置。（十）推进食品安全社会共治。加强风险交流；强化普法和科普宣传；实施"互联网+"监管。推进"互联网+食品"。加强食品行业诚信体系建设；实施"优质粮食工程"。（十一）开展食品安全放心工程建设攻坚行动。实施国产婴幼儿配方乳粉提升行动；实施校园食品安全守护行动；实施农药兽药使用减量和产地环境净化行动；实施餐饮质量安全提升行动；实施保健食品行业专项清理整治行动；实施"双安双创"示范引领行动；实施进口食品"国门守护"行动；实施"双安双创"行动；实施农村假冒伪劣食品治理行动；实施"优质粮食工程"示范引领行动。（十二）加强组织领导

年食品安全监管机构改革如图4-1所示。其中，食品生产加工环节的监管以前由卫生部门承担，在这次改革中划归质检部门监管。

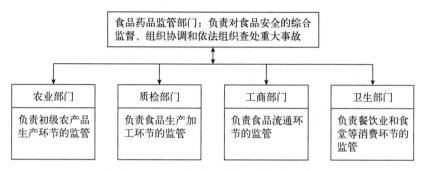

图4-1　2004年食品安全监管机构改革

2008年，国务院机构改革后，明确由卫生部负责食品安全综合协调、组织查处重大食品安全事件，并继续承担标准制定、风险管理等职能。卫生部门负责的餐饮业和食堂等消费环节的监管职责则划归食品药品监管部门。其他部门延续2004年确定的监管职责，农业部门负责初级农产品生产环节的监管，质检部门负责食品生产加工环节的监管，工商部门负责食品流通环节的监管。2010年2月，成立了国务院食品安全委员会，其主要职责为"分析食品安全形势，研究部署、统筹指导食品安全工作；提出食品安全监管的重大政策措施；督促落实食品安全监管责任。"

2013年3月，十二届全国人大一次会议表决通过了关于国务院机构改革和职能转变方案的决定。《国务院机构改革和职能转变方案》提出："组建国家食品药品监督管理总局。为加强食品药品监督管理，提高食品药品安全质量水平，将国务院食品安全委员会办公室的职责、国家食品药品监督管理局的职责、国家质量监督检验检疫总局的生产环节食品安全监督管理职责、国家工商行政管理总局的流通环节食品安全监督管理职责整合，组建国家食品药品监督管理总局。其主要职责是，对生产、流通、消费环节的食品安全和药品的安全性、有效性实施统一监督管理等。将工商行政管理、质量技术监督部门相应的食品安全监督管理队伍和检验检测机构划转食品药品监督管理部门。保留国务院食品安全委员会，具体工作由食品药品监管总局承担。新组建的国家卫计委负责食品安全风险评估和食品安全标准制定。农业部负责农产品质量安全监督管理。将商务部的生猪定点屠宰监督管理职责划入农业部。"2013 年食品安全监管机构改革如图 4-2 所示。

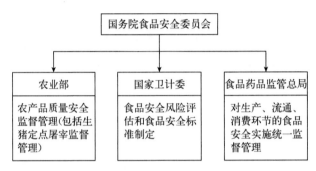

图 4-2 2013 年食品安全监管机构改革

2018 年 3 月，国家再次对食品安全监管体制进行改革，十三届全国人大一次会议审议通过《国务院机构改革方案》。《国务院机构改革方案》提出："组建国家市场监督管理总局。将国家工商行政管理总局的职责，国家质量监督检验检疫总局的职责，国家食品药品监督管理总局的职责，国家发展和改革委员会的价格监督检查与反垄断执法职责，商务部的经营者集中反垄断执法以及国务院反垄断委员会办公室等职责整合，组建国家市场监督管理总局，作为国务院直属机构。同时，组建国家药品监督管理局，由国家市场监督管理总局管理。保留国务院食品安全委员会、国务院反垄断委员会，具体工作由国家市场监督管理总局承担。不再保留国家工商行政管理总局、国家质量监督检验检疫总局、国家食品药品监督管理总局。"

国家市场监督管理总局管理有关食品安全监管的职能包括以下两点：①负责食品安全监督管理综合协调。组织制定食品安全重大政策并组织实施。负责食品安全应急体系建设，组织指导重大食品安全事件应急处置和调查处理工作。建立健全食品安全重要信息直报制度。承担国务院食品安全委员会日常工作。②负责食品安全监督管理。建立覆盖食品生产、流通、消费全过程的监督检查制度和隐患排查治理机制并组织实施，防范区域性、系统性食品安全风险。推动建立食品生产经营者落实主体责任的机制，健全食品安全追溯体系。组织开展食品安全监督抽检、风险监测、核查处置和风险预警、风险交流工作。组织实施特殊食品注册、备案和监督管理。

2019 年 6 月，公安部组建食品药品犯罪侦查局。统一承担打击食品、药品和知识产权、生态环境、森林草原、生物安全等领域犯罪职责。我国食品安全监管体制现状如表 4-3 所示。

表 4-3　我国食品安全监管体制现状

主管部门	具体职能部门	具体职责
国家市场监督管理总局	食品安全协调司	拟订推进食品安全战略的重大政策措施并组织实施；承担统筹协调食品全过程监管中的重大问题，推动健全食品安全跨地区跨部门协调联动机制工作；承办国务院食品安全委员会日常工作
	食品生产安全监督管理司	分析掌握生产领域食品安全形势，拟订食品生产监督管理和食品生产者落实主体责任的制度措施并组织实施；组织食盐生产质量安全监督管理工作；组织开展食品生产企业监督检查，组织查处相关重大违法行为；指导企业建立健全食品安全可追溯体系
	食品经营安全监督管理司	分析掌握流通和餐饮服务领域食品安全形势，拟订食品流通、餐饮服务、市场销售食用农产品监督管理和食品经营者落实主体责任的制度措施，组织实施并指导开展监督检查工作；组织食盐经营质量安全监督管理工作；组织实施餐饮质量安全提升行动；指导重大活动食品安全保障工作；组织查处相关重大违法行为
	特殊食品安全监督管理司	分析掌握保健食品、特殊医学用途配方食品和婴幼儿配方乳粉等特殊食品领域安全形势，拟订特殊食品注册、备案和监督管理的制度措施并组织实施；组织查处相关重大违法行为
	食品安全抽检监测司	拟订全国食品安全监督抽检计划并组织实施，定期公布相关信息；督促指导不合格食品核查、处置、召回；组织开展食品安全评价性抽检、风险预警和风险交流；参与制定食品安全标准、制订食品安全风险监测计划，承担风险监测工作，组织排查风险隐患
农业农村部	农产品质量安全监管司	组织实施农产品质量安全监督管理有关工作。指导农产品质量安全监管体系、检验检测体系和信用体系建设。承担农产品质量安全标准、监测、追溯、风险评估等相关工作
国家卫生健康委员会	食品安全标准与监测评估司	组织拟订食品安全国家标准，开展食品安全风险监测、评估和交流，承担新食品原料、食品添加剂新品种、食品相关产品新品种的安全性审查
公安部	食品药品犯罪侦查局	统一承担打击食品领域犯罪

4. 标准体系不断完善

食品安全标准是食品安全风险评估和监管执法的基础。为保障人民的身体健康和生命安全，国家不断修订食品安全标准。根据《中华人民共和国食品安全法》的规定，食品安全标准主要包括食品、食品相关产品中危害人体健康物质的限量规定；食品添加剂的品种、使用范围、用量；专供婴幼儿和特定人群的主副食品的营养成分要求；对于食品安全、营养有关的标签、标识、说明书的要求；食品生产经营过程中的卫生要求；与食品安全有关的质量要求；食品检验方法与规程和其他需要制定为食品安全标准的内容。2013 年 7 月，第一届食品安全国家标准审评委员会第八次主任会议在北京召开，会议审议通过了 71 项食品安全国家标准[1]。截至 2018 年上半年，我国已经制定并颁布食品安全标准 1 260 项，涉及超过 2 万项食品安全指标，几乎涵盖了消费者日常消费中的所有主要食品种类[2]。

三、我国食品安全监管面临的挑战

我国是食品生产大国，也是食品消费大国，党和政府高度重视食品安全问题，从法律法规、体制机制、标准技术等方面不断完善，已经基本建成食品安全保障体系，近年来食品整体水平不断提高。英国《经济学人》旗下的智库发布的《2019 年全球食品安全指数报告》显示，在该指数跟踪的 113 个国家和地区中，中国排名第 35 位，相比 2018 年上升 11 位。表 4-4 列出了 2014—2019 年我国食品安全指数的国际排名情况[3]。

表 4-4 2014—2019 年我国食品安全指数的国际排名情况

年份	分数（满分 100 分）	排名	追踪国家及地区的数量
2014	62.2	42	109
2015	64.2	42	109

---

① 第一届食品安全国家标准审评委员会第八次主任会议召开 [EB/OL]. 国家食品安全风险评估中心，2013-08-16.

② 我国已制定食品安全国家标准 1 260 项 [EB/OL]. 光明网，2018-09-07.

③ 全球食品安全指数排名，中国上升 11 位 [EB/OL]. 环球网，2019-12-10.
  2017 全球食品安全指数报告 [EB/OL]. 搜狐，2017-11-15.
  2015 全球食品安全指数报告发布 中国排名 42 位居上游 [EB/OL]. 新浪财经，2015-07-17.

（续）

年份	分数（满分100分）	排名	追踪国家及地区的数量
2016	64.9	42	113
2017	63.7	45	113
2018	65.1	46	113
2019	71	35	113

面对公众对食品的要求从"吃饱""吃好"到"吃得健康"的转变，与食品安全水平排名靠前的国家相比，与我国的经济快速发展、社会快速进步相比，我国的食品安全水平仍需进一步提高。当前，我国的食品安全治理已经进入攻坚期，现代化食品安全治理体系框架已经初步构建，但面对长期积累的深层次问题，以及新的不确定性的出现，我国的食品安全治理还面临以下困境。

1. 食品安全监管资源稀缺制约了监管效率

一是食品安全监管人员数量不足。与发达国家相比，我国的食品安全监管人员与监管对象在数量上的比例严重失衡。美国食品药品监督管理局（FDA）成立于1906年，2016年FDA有雇员16 025人，其监管的食品生产经营主体仅5万多家。而我国正式在编的食品药品监管人员数量长期维持在10万人左右，其监管的对象数量则极为庞大[1]。截至2017年11月底，我国共有食品生产许可证15.9万张，食品添加剂生产许可证3 695张，共有食品生产企业14.9万家，食品添加剂生产企业3 685家；共有食品经营许可证（含仍在有效期内的食品流通许可证和餐饮服务许可证）1 284.3万件；共有保健食品生产许可证2 317件[2]。面对如此大规模的监管客体，监管力量特别是基层执法力量显得十分薄弱，因此食品安全监管呈现出以静态审批为主、定期或专项行动式的动态检查为辅的模式。同时，专业技术人员缺乏也制约了食品安全监管效果，难以及时、准确、全面地发现食品安全潜在隐患。二是食品安全监管的技术支撑能力不足。现有的食品安全检测技术对很多潜在的食品安全风险的识别能力不

---

① 胡颖廉. 中国食品安全监管体制演进［EB/OL］. 搜狐网，2018-08-14.
② 2017年度食品药品监管统计年报［EB/OL］. 国家药品监督管理局，2018-04-02.

足，特别是对潜在污染物和非法添加物质的识别技术落后。基层执法的技术设备落后且储备不足，一些快速检测设备难以准确发现潜在的食品安全风险。

2. 环境污染加剧了治理的难度

长期以来，以数量增长为主线的发展模式成就了我国经济发展的奇迹，也成功解决了我国的温饱问题，我国的粮食产量连续十几年增长，其他农产品的产量也位居世界前列。但是以增长为主线的发展模式也带来了一系列负面问题，从对食品安全的影响看，环境污染造成的农业生态环境破坏直接成为农产品质量安全隐患的来源。工业"废水、废渣、废气"的污染、农药化肥的不规范过量使用、长期污水灌溉等因素造成农业生产环境遭到破坏。2014 年，由环境保护部和国土资源部联合发布的《全国土壤污染状况调查公报》显示，我国土壤环境状况总体不容乐观，部分地区土壤污染较重，耕地土壤环境质量堪忧，工矿业废弃地土壤环境问题突出。在被调查的约 630 万千米² 土壤中，总超标率为 16.1%；对于耕地来说，土壤点位超标率为 19.4%，其中轻微、轻度、中度和重度污染点位比例分别为 13.7%、2.8%、1.8% 和 1.1%，主要污染物为镉、镍、铜、砷、汞、铅等[1]。土壤污染将会造成农产品重金属含量超标等质量安全问题，且治理起来存在一定难度。

3. 传统生产方式加重了食品安全治理难度

传统生产方式难以在短时间内转变，主要包括以下几个方面：一是在农产品生产环节，大量农民的分散经营加剧了农产品质量安全监管的难度。以家庭为经营单位的农户并不愿意接受来自外界的对其生产方式的干预，很多农户在农产品生产中依然十分依赖石化投入品，减量使用的意愿不强，特别是在减量使用会影响收入和产量的情况下。二是在食品生产加工及零售环节，行业集中度仍然较低，小规模食品生产经营者仍占多数。小规模食品生产经营者包括食品生产加工小作坊、小餐饮店、小食杂店和食品摊贩等。与大型食品企业相比，小规模食品生产经营者在生产工艺、技术、环境等方面均存在较大差距，更容易造成食品安全风险区；同时，食品的信任品属性及基层监管力量的不足，也更容易刺激小规模食品生产

---

① 全国土壤污染状况调查公报 [EB/OL]. 中华人民共和国中央人民政府门户网站，2014 -
04 - 17.

经营者的机会主义行为动机。三是在物流环节，我国食品物流体系不完善，食品冷链物流发展滞后。相关调查显示，我国每年约有总值750亿人民币的食品在运输过程中发生腐烂变质。一些易腐食品的售价构成中用来补偿物流过程中损耗的支出占比约为70%①。究其原因是冷链物流体系不完善。很多食品特别是生鲜农产品的物流过程应根据食品的生化属性进行温度控制。温度与微生物增长密切相关，保证易腐食品品质和新鲜度的关键是通过温度控制抑制微生物的增长。在一定范围内，温度每升高6℃，食物中细菌的生长速度将增加1倍，其保质期将缩短一半。据2018年中国冷藏运输发展座谈会发布的数据显示，我国果蔬冷链运输的比例为35%，预冷保鲜率不足10%，果蔬物流过程中的损耗达25%～35%，高损耗造成的经济损失超过700亿元②。

4. 外部环境的快速变化考验着食品安全监管能力

从不断推进的食品安全监管体系改革来看，现在的方向基本上是向着"综合化"和"专业化"发展，食品安全监管效能不断提高。但随着经济社会的快速发展，各种新事物、新技术、新业态不断出现，对食品安全治理带来了更大挑战。一是网络流通食品的快速发展带来了监管难题。随着电子商务在我国的快速发展，食品类商品的线上销售额也逐年增加，我国互联网食品的年销售额已达10万亿元左右③。同时，互联网餐饮外卖也处于快速发展之中，2015年互联网餐饮外卖的市场规模为1 250亿元；到2018年，互联网餐饮外卖的市场规模已经达到2 414亿元④。网络流通食品的监管体系难以在短时间内实现对快速增长的网络食品的全覆盖监管。针对网络食品安全监管的法规细则、执法资源配置、监管制度等都需要时间来完善。二是技术发展带来的机遇与挑战并存。技术的发展可以提高食品安全监管的效率，但很多新技术也给食品安全问题治理带来了挑战。比如转基因食品的安全性至今仍在争论之中，各国采取的监管策略也不同。新的食品生产工艺、食品添加物质等不断出现，现有的食品安全检测技术难以准确评价食品的安全性。三是食品安全的输入性风险加

---

① 食品工业的发展离不开物流 [EB/OL]. 弗戈工业传媒，2018 - 07 - 09.
② 我国食品冷链物流行业存在四大问题 [EB/OL]. 制冷快报，2019 - 03 - 28.
③ 互联网食品年销近10万亿元 [EB/OL]. 新华网，2018 - 07 - 19.
④ 2019年中国餐饮外卖行业发展现状及趋势分析 数字经济已是大势所趋 [R]. 前瞻产业研究院，2019 - 07 - 17.

大了监管难度。随着经济全球化及消费者收入水平的不断提高，我国进口食品数量快速增长。2018 年，我国进口食品总额达 735.69 亿美元，相比 2017 年增加 119.15 亿美元，进口食品来源地多达 185 个国家和地区①。食品进口的快速发展带来了更多的输入性风险，加大了食品安全监管的难度。

---

① 《2019 年中国进口食品行业报告》发布 ［EB/OL］. 光明网，2019－11－07.

第五章　食品安全治理的信息基础

公众的健康权和社会公共秩序是食品安全的逻辑起点。从这个角度看，食品安全具有公共产品属性，事关多数人的共同利益。由此，食品安全信息也具有公共产品性质，以利益为导向的市场交易主体很难有足够的动力来完成食品安全信息的供给，需要政府介入并准确定位，营造完善的制度环境。信息问题不仅会造成市场失灵，同时也是制约食品安全监管绩效的重要原因。Stephen Breyer（1982）将信息视为规制政策的基础。在公共治理中，信息工具是旨在为治理机构提供决策信息以改善决策质量的规制工具。对于食品安全风险治理来说，信息工具是重要的事前规制工具，能够起到风险预防的效果。

一、食品质量的信息不对称

食品安全问题产生的根本原因在于食品质量信息的不对称。信息不对称可以从两个角度进行分类：一是时间角度；二是内容角度。从时间角度看，可以进一步分为签约之前的信息不对称及签约之后的信息不对称；签约之前的信息不对称可能造成逆向选择，签约后的信息不对称可能造成道德风险。从内容角度看，信息不对称可以进一步分为隐藏行动和隐藏信息两类①。对于食品来说，质量信息不对称既可能造成逆向选择，也可能造成道德风险。阿克洛夫最早研究了逆向选择问题，他以旧车市场为研究对象，发现由于卖者与买者之间有关质量信息不对称，会造成质量高于平均质量水平的旧车无法售出，只有低质量旧车才能够成交。道德风险是委托代理理论中的重要概念，一般指由信息不对称引起的代理人签约后的败德行为。

---

① 张维迎. 博弈论和信息经济学 [M]. 上海：上海三联书店·上海人民出版社，2004.

相比其他类型商品，农产品质量信息存在更大程度的信息不对称。食品市场呈现"柠檬市场"特性，容易出现逆向选择，难以实现食品的"优质优价"。Nelson（1970），Darby 和 Karni（1973）将商品划分为搜寻品、经验品和信任品三类。Caswell 和 Padberg（1992）认为从安全要素角度看，食品既是经验品又是信任品。王秀清和孙云峰（2002）提出食品同时具有搜寻品、经验品和信任品的特性。对于食品的搜寻品特征（颜色、形状、气味等），消费者可以以较低的搜寻成本来获得，质量信息可以通过市场机制准确传递给消费者；对于食品的经验品特征，消费者获取质量信息成本较高，市场机制的有效性取决于消费者在消费前能否以较低的成本获取由食品厂商或第三方机构传递的质量信号；对于食品的信任品特征，消费者在消费后都无法准确判断食品是否存在潜在威胁，在这种情况下，市场机制几乎完全失灵。质量信息需由政府或可以信任的中介组织来提供，方能保证市场上食品质量信息的有效性（Caswell et al.，1996）。政府的食品安全信息供给实质上是对市场交易信息供给失灵下的一种行政权力介入，其目的是克服市场失灵，减少获取信息的成本，缓解信息不对称。

食品质量信息不对称，特别是食品的"信任品"属性，会刺激食品生产经营者的机会主义行为。由于食品质量信息的隐匿性以及获取成本较高，在一定程度上降低了违约惩罚的威慑力，使得部分不法食品生产经营者铤而走险从事败德行为，例如非法使用添加剂、销售过期食品等。特别是在监管力量难以全面覆盖的情况下，更加剧了部分食品生产经营者的侥幸心理，进行违规经营。食品生产经营者的败德行为往往会造成比较严重的食品安全问题，是食品安全整治的重点。

二、食品安全治理的信息基础

1. 公众的食品安全信息需要

消费者对食品安全的需求是出于对生存权和健康权的基本要求。消费者对食品安全的需求在很大程度上表现为对食品安全信息的需求。从信息获取渠道看，公众对食品安全相关信息的获取主要来源于三个方面：厂商信息、社会信息和政府信息。由于食品的信任品属性，造成食品市场具有典型的"柠檬市场"特征，信息不对称使得食品市场中的"逆向选择"行为较为普遍，劣质食品容易将高质量食品驱逐出市场。从厂商角度看，质量信号传递是高质量食品厂商解决逆向选择的重要途径，厂商向消费者供给信息的形式主要有广告、品牌、企业信誉等。但广告、品牌等质量信号与高质量食品并不存在必然的关联性。三鹿等曾经知名的食品企业都成了生产问题食品的黑窝。正因如此，消费者对厂商信息的信任程度不及社会信息及政府信息。社会信息包括媒体信息、生活圈信息、工作圈信息等方面。政府信息则是由政府机构、政府授权的中介组织来提供。为了克服市场机制失灵、保证食品质量安全信息供给的真实有效性，食品安全信息需由政府或者可以信任的中介组织来提供。相关研究表明，消费者对政府信息的信任程度最高。

2. 企业的信息义务

作为市场主体的食品生产经营者，其生产经营食品的目的在于获取经济利润。为此，单纯依靠企业自律难以保障食品供应链的质量安全。相对于食品制造和经营者而言，无论从信息数量、质量还是时效性角度看，监管者始终处于信息劣势地位。食品生产者和经营者是问题食品的制造者，直接掌握问题食品的风险信息，而监管者则需要通过执法检测才能获得这类信息，而且时效性远不及生产和经营者。且食品生产和经营者将食品质量信息视为私有信息或保密信息，缺乏向监管者和合作伙伴直接公开信息的动机，有时出于利益考虑甚至会选择集体沉默。以农产品种植或养殖环节为例，如果多打农药、多施化肥可以增加收益，面对增加产量和保证质量的选择，很多农民可能会选择前者，并且他们不会向农产品经纪人或订单生产中的合作企业透露有关农产品农药残留过量的信息，更不会向监管机关主动公开这些信息。

食品生产经营者的信息义务旨在规范食品企业的信息行为。监管机构通过立法手段直接规定食品企业在生产和交易环节需要揭示哪些信息。规范食品生产经营者的信息行为，可以为监管部门、第三方机构和社会力量提供监管的法律依据和治理平台。例如转基因食品的强制性或自愿性标识制度，《中华人民共和国食品安全法》中规定保健食品标签要写明成分含量等。

3. 食品安全信息的公共性

安全是最重要的公共产品，食品安全信息同样具有公共性，对食品安全信息进行如实披露，保障食品安全是政府的责任。有关食品安全的公共信息供给不足会削弱消费者的自我保护能力；同时在公共信息供给不足的情况下，消费者只有通过其他渠道获取相关信息，但由于其所获信息具有随机性、不可靠性，甚至是误导性，有时会将食品安全问题扩大化和严重化，进而引起社会恐慌。市场失灵理论说明，政府在提供公共服务方面比市场更有效率。基于公共性的要求，政府应通过食品安全信息供给，引导消费者理性认知食品安全风险，提高食品安全意识和风险防范意识。

信息是任何类型执法所必须面临的现实挑战。对于食品安全监管来说，信息是执法的基本依据。从信息视角看，我国的食品安全监管主要面临以下几方面的挑战：一是监管资源难以匹配监管需求。人员、设备、技术等资源的稀缺性直接制约着监管过程，进而影响监管绩效。除 1 185 万家获得食品生产经营行业许可证的企业外，我国还存在着大量的、分散的小作坊、小摊贩、小餐饮，给食品安全监管带来很大难度。二是以利润最大化为目标的食品生产经营者并无主动公开食品安全问题信息的动机，反而是将其视为私有或保密信息，使得监管者始终处于信息劣势地位。三是食品安全信息公开效率不高。食品安全信息的公开数量和公开程度无法满足公众的期望值，同时还存在着信息有效传播的问题，即公开的信息没有被公众有效接收。

4. 食品安全社会共治的需要

食品安全监管政策效能的高低关键取决于信息制度的合理性（Caswell，1996）。造成当前我国食品安全监管困境的关键原因在于信息难题。面对数量庞大、位置分散、种类繁多的监管客体，执法人员、技术等方面的资源约束使得监管机构很难获取到全面、准确的食品安全信息。动员社会力量参与食品安全监管可以有效弥补单一行政监管在信息获取方面的不足。提升公众对食品安全监管的参与程度，发挥公众在食品安全信息获取、传播、运用中的积极作用，对于提升食品安全监管效率、推进食品安全的社会共治具有重要意义。

稀缺的公共执法资源——有限的执法人员、高昂的检测费用、技术设备的不足严重制约食品安全监管中的执法绩效。从整体的食品安全体系来看，必须要走一条社会共治的道路，充分发挥消费者、行业协会、新闻媒体等社会各方面的监督作用，尤其是打通消费者依法维权的渠道，赋予消费者充分参与监督的权利。食品安全社会共治的基础是食品安全信息的通畅流动，信息越公开，能够调动的社会监督资源也就越多。当前，我国的食品安全信息存在有效供给不足的问题，据零点指标的调查结果显示，消费者对《中华人民共和国食品安全法》的知晓程度为 62.8%，而对其他食品安全相关的法律法规、政策文件、规范标准等知晓度均不足三成；20.4%的公众认为中国食品安全监管工作是由质检总局统一管理，而仅有10.4%的受访者能回答出负责制定并公布食品安全标准，组织开展食品安全风险监测、评估等工作的是国家卫生和计划生育委员会；在被问及2012 年 1 月就已经开通的全国食品药品监督管理部门投诉举报电话"12331"时，仅 10.1%的公众表示听说过，43.6%的公众不知道该电话的存在。因此，要有效推进食品安全问题的社会共治，必须完善信息供给机制。有效的信息供给是社会力量（消费者、媒体、非政府组织等）有序参与食品安全监管的基础，只有信息透明，食品安全社会共治模式才能真正成型，食品安全才有望从根本上得以保障。

5. 信息与食品安全风险的"社会放大效应"

当前，风险管理已经成为食品安全治理的趋势，收集充足且高质量的信息是食品安全风险评估的基础，风险交流中也需要及时准确地公开信息。虽然风险事件的直接后果来源于风险源头，但其更深层次的影响和后果的严重性则是由风险的主观建构性及风险放大效应造成的。而风险的主观建构则在很大程度上受到社会舆论及信息处理过程的影响。公众对风险的理解主要源于直觉，大众传媒的传播对公众的风险感知有着重要影响。食品安全风险同样具有较强的"社会放大效应"。尽管食品安全风险事件直接影响的人群和范围一般都相对有限，但随着风险信息在传递过程中的信息量增加、危害性逐层夸大、信息内容扭曲失真，往往使得食品安全风险的涉及人群被人为增加、涉及领域被人为放大，使食品安全事件的后果被不断地主观恶化，从而降低公众对食品安全的信任程度。由于食品安全风险的社会建构性，一个重大的食品安全事件往往可能因为风险放大引发公众对整个食品行业的信心缺失。

第六章　政府食品安全监管的信息工具

对于食品来说，健全的监管制度有助于发现企业的失德行为。选择匹配的治理工具对于食品安全治理至关重要。与传统的监管工具相比，信息工具在推进社会共治、提升监管效率、降低监管成本等方面更具优势。信息如果无法全面准确收集就难以实现食品安全的事前监管和风险预警；信息如果无法有效传递到目标群体将会使信息变成发布者的"独白"，无法起到保护消费者和引导理性消费的作用。信息工具是重要的治理工具，是政府治理工具的组成部分。Hood（1983）在分析国家治理体系中的政府治理工具时，曾提出包括信息节点（nodality）、政府权威（authority）、公共财富（treasure）、政府组织（organization）的 NATO 框架。其中，信息节点是最基础和最重要的治理工具。信息的质量和数量将直接影响治理效果。信息工具的运用取决于三个条件，一是需要收集到真实可靠的信息并决定是否向目标群体真实提供；二是解决信息如何到达目标群体的问题，信息无论多少，如果不能清楚地、以合适的方式提供给目标群体，那么信息就毫无作用；三是对信息的解释和交流，即要弥补真实信息与感知信息之间的"知识漏斗"，使各方在更理性的层面上达成共识，如此，专业性的信息普及机构、信息认证或鉴定机构和相关公益组织必不可少。按照功能划分，政府食品安全监管的信息工具可以分为信息收集工具、信息识别工具、信息流动工具、信息补强工具和信息激励工具。

一、信息收集工具

信息是食品安全问题治理的基础。无论是食品安全风险防范、违规行为查处，还是危机处理，都需要信息的支撑。食品安全信息来源复杂多样，信息质量良莠不齐。及时准确的信息是食品安全监管的基础，是公正执法的前提。但在食品安全监管中如果采信了错误的信息，不仅不能够辅助科学决策，甚至还会对决策产生误导。本研究按照信息的可信度将食品安全监管信息分为六类，如表 6 - 1 所示。

表 6 - 1　食品安全监管信息类型

序号	信息类型	描述
1	法规标准信息	《中华人民共和国食品安全法》《中华人民共和国农产品质量安全法》《中华人民共和国产品质量法》等法律、食品安全标准规定的信息
2	行政许可信息	通过行政审批系统采集的信息
3	行政执法信息	稽查部门通过行政执法采集的信息
4	检验检测信息	检验检测机构对食品质量进行检测获得的信息，或从检验检测公共信息服务平台获取的信息
5	投诉举报及企业自报（未经核查）信息	源自消费者通过 12306 或其他渠道进行举报，或食品企业内部人员进行举报获取的信息，以及企业按照相关规定自行报送的信息
6	舆情信息	来自电视、网络、报纸等社会舆论有关食品安全的信息

资料来源：吴行惠，刘建，张东，王光昕．论质量技术监督大数据［J］．电子政务，2015（3）：113 - 117。

　　信息收集工具指的是通过公权力强制信息从信息优势方向信息劣势方流动，使以不同方式存在、来自不同渠道的各种类型的信息向同一个目标汇集，从而在信息劣势方（地位强势）形成一个巨大的信息库。政府在信息收集方面拥有法律赋予的权威地位，是其他组织和个人无法比拟的。政府在获取和使用信息方面也是其他组织难以匹敌的，在强大的资源、财力和机构支持下，政府可以收集和使用各类信息，包括依法强制获得非政府组织收集到的信息。同时，在政府信用的作用下，政府发布信息的影响力也远超其他组织和个人。信息收集工具有助于行政执法机关尽可能全面地收集信息以便科学决策，同时还具有规制成本低和风险预防性特点。信息收集工具实质上是一种强制性的自我监管，由政府规定食品生产经营者信息披露的责任和内容。科学的监管制度设计可以使食品生产经营者主动披露食品的质量问题或风险（Daughety et al.，2008）。合理界定食品企业需要披露的生产或交易方面的信息，可以提升食品安全治理的效率，为公众和社会组织参与治理提供平台（龚强等，2013）。如果政府强制企业公开质量信息，会提升市场中产品质量的平均水平（Daughety et al.，2005）。

为此，应在法律上明确食品监管部门、风险监测和评估机构的法律地位，保障其采集样品、留样登记、监测分析的权力和能力，强化行政机关的信息采集和分析能力，强化风险规制机构的专业化水平。一是要明确食品安全信息采集主体的责任和分工范围。当前，卫生部门、食品药品监管部门、质监部门、农业农村部门、出入境检验检疫部门是主要的食品安全信息收集主体。应建立起以风险评估为基础的检测体系，科学设置和扩大食品污染物和有害因素监测覆盖范围，明确各行政监管部门信息采集的职责范围和主体责任，既要实现无缝对接，又要避免重复采集。二是设置科学的采集规程和信息报送程序。检测数据可靠与否不仅受检测方法影响，与样品的代表性、数量、采集方法及分析部位也有直接关系。为此，应科学设定信息采集的监测点、采集内容、采集流程、采集方法等；同时，对采集到的食品安全信息应规定科学合理的报送程序，做到信息报送的准确快捷。三是加强食品安全信息采集共享。相关职能部门之间信息的顺利流通，是扩大外部信息公开范围的前提。为此，应建立和完善内部信息共享平台，落实各行政监管部门之间的信息通报工作机制，增设内部信息公开程序。四是建立多元化的信息采集方式。除行政监管部门（包括隶属于监管部门的机构）直接采集信息外，还可以采取委托或购买服务等采集食品安全信息。例如浙江省将农产品质量安全风险评估、食品安全标准规划、研究咨询及宣传、食品安全监督抽检工作、食品安全风险监测及评估列入政府向社会力量购买服务指导目录，天津市也将食品安全监督抽检工作、食品安全风险监测及评估工作列入政府购买服务指导目录。

二、信息识别工具

信息识别工具即对各类信息进行甄别并以清晰简化的符号形式呈现出来的工具。这是一种导向性的推荐与认证信息相结合的新工具。通过品牌识别、标签制度和认证体系可以解决生产者与消费者之间的信息不对称问题（Shapiro，1983；Steven et al.，1985）。对于食品的信任品属性，质量信息应由政府或可以信任的中介组织来提供才能保证食品质量信息的有效性。对安全食品加上认证标签，可以成为向公众证明食品质量的重要手段（Janssen et al.，2012）。经权威机构鉴定确认并颁发相应资质证明，证明产品或服务符合社会福利要求，如有机食品认证、无公害蔬菜认证、食品可追溯体系等均可以成为食品安全的信息符号。信息识别工具可以缓解公众对食品质量的困惑或焦虑，有助于解决信息不对称、不充分、不正确的问题，同时有利于引导正确消费。当前，国际上通用的食品认证主要有 GAP、ISO 系列认证、HACCP 等；我国的食品认证主要有无公害认证、有机食品认证等。

三、信息流动工具

食品安全问题不是中国特产，全世界都有，但是消费者对食品安全问题有如此严重的误解，是中国食品安全问题的特色之一。中国消费者对食品安全的诉求与发达国家水平正在迅速对接，但食品安全保障机制与公众食品安全知识的缺失却远远落后于发达国家，科学事实与消费者认知之间存在的"信息真空"正在越拉越大。2014 年 8 月，零点指标就食品安全问题对北京、上海、广州、深圳、沈阳等 20 个城市 3 166 位 18～60 周岁的居民进行了随机访问，数据调查显示：近八成（77.8%）公众对我国目前食品安全现状持负面评价，其中 17.8% 认为中国的食品安全状况"非常差"。而官方公布的数据显示，上海市食品安全总体合格率为 94.5%（2013 年）；北京市食品安全监测总体合格率为 94%（2012 年）；广州市食品检测整体合格率为 95.3%（2012 年）。陈君石院士在人民网参与在线交流时指出："大量检测和监测的数据都表明，我国的食品总体合格率在 90% 以上。"消费者对食品安全状况的负面认知主要源于食品安全风险交流不足。因此，加强食品安全方面的风险交流，已经成为当务之急。

信息流动工具是指通过一定机制使信息公开并得以流动的工具。这里公开并不等于流动，只有通过机制设计使信息公开的同时还能够交流才可称之为流动。在信息传播中，应注意信息的有效接收问题。如果信息仅仅是完成了公开，却忽视公众的信息可得性，会造成信息资源浪费和使用效率不高。为了使信息能够有效流通，应选择合理的信息传播渠道。构建监管部门与公众之间的食品安全风险交流机制，对促进食品安全的社会化管理、增进公众对食品安全的信心，具有不可替代的现实意义。

风险交流是公开的、双向的信息观点的交流，以使风险得到更好的理解，并做出更好的风险管理决定。食品安全风险交流实质上是风险相关方围绕食品安全风险及其相关因素交换信息和意见的过程。第一，通过风险交流达成对风险认知的共识。专家与政策制定者是通过数据来评估风险，而公众一般是通过直觉做出风险判断，或者称之为风险认知。食品安全风险兼具客观实在性和主观建构性的综合特征。对于食品安全风险来说，通过抽查获得的客观数据并不为大众所接受，公众对食品安全风险的认知大多来源于大众传媒的传播。正因为如此，官方公布的食品安全状况与公众的感知总是存在很大差异，具体表现为监管部门公布显示的食品安全整体水平很高，而公众对食品安全状况的满意度却始终在低位徘徊。通过风险交流应减少公众、专家团体和政策制定者之间有关食品安全风险的分歧。为此应建立包括公众在内的多元风险沟通机制，通过持续的风险交流寻求在最大程度上的风险共识和更加普遍的社会理性。第二，缓解风险放大效应。信任在信息传播过程中易失而不易得，Slvoic（1993）称其为"不对称原则"，有损信任的负面事件比增强信任的正面事件往往更易受到关注。对于食品安全风险来说，负面信息或谣言传播的速度和影响力远高于正面信息。相关研究表明，有关食品安全的谣言是最多和最常见的谣言，如部分区域的猪肉中大面积出现钩虫[①]。负面信息及其在传播过程中被人为放大而产生的"涟漪效应"会对责任公司或整个行业都带来极大的危害，甚至会引起社会恐慌。通过及时的风险交流可以缓解负面信息在传播过程中人为放大，使其尽量保持客观真实性，同时及时减轻谣言造成的恶劣影响，在引导公众正确认知的同时，减少其对行业和政府声誉的损害。为此，政府、专家、协会应该多开展互动式的风险交流，实现信息共享。食品药品监督管理部门和其他有关部门、食品安全风险评估机构，应当按照科学、客观、及时、公开的原则，组织食品生产经营者、行业协会、技术机构、消费者协会以及新闻媒体等，就食品安全风险评估信息和食品安全监督管理信息进行交流沟通。

四、信息补强工具

信息补强工具意在弥补公众信息地位的弱势和信息能力的欠缺，防止公有信息变成私人信息。在一些国家，为了解决信息失灵，专门设置相关机构代替信息弱势方收集信息，或督促有关机构公开信息，以使信息能够

---

① 潘福达. 食品安全网络谣言何时休［N］. 北京日报，2015 年 6 月 10 日.

最大限度地服务于社会公共福利。公众的信息弱势地位一方面源于客观的信息供给不足或低效；另一方面则源于主观的态度。加强公众的食品安全知识普及，不仅有利于提高消费者的自我保护能力，同时也是推进社会共治的重要前提。加拿大有一句著名的广告词"不关注食品安全新闻，就等于不爱惜生命"，该国消费者每天都会关注有关食品安全方面的信息。在美国，包含有食品安全警示信息内容的《消费者报告》是最畅销的出版物，公众对食品安全基本知识的知晓率高达 80％。食品安全知识补强意在提高消费者的食品安全知识掌握程度和信息利用能力，在保护消费者权益的同时唤醒其主动参与食品安全治理的责任意识。为此，应加强对公众的食品安全知识教育：一是引导消费者理性认知食品安全风险。美国学者 Jones 提出了食品绝对安全和相对安全的概念。绝对安全和相对安全实质上反映了消费者与管理者、生产者、科学家对食品安全认知的差异。公众一般对食品安全问题是"零容忍"的，即要求食品的绝对安全，而绝对安全或零风险在客观上很难达到。为此，应通过食品安全知识教育引导消费者理性认知食品安全风险。二是提升消费者的食品安全信息利用能力。食品安全不仅需要政府这只"有形的手"、市场这只"无形的手"，还需要消费者"无数双眼睛"。通过加强食品安全知识教育，可以提升消费者的信息利用能力和效率，更好地做到自我保护并发挥声誉机制的作用。三是进一步提高消费者的食品安全意识。法律规定、部门监管、信息追溯是从政府和技术等硬性层面去治理食品安全问题，要消除食品安全隐患，还需要从文化教育层面整体提高消费者的安全意识。只有消费者的安全意识普遍提高了，才能逐步"蚕食"问题食品的流通空间，进而慢慢减小食品安全隐患；同时，不断提高的食品安全意识也是推进食品安全行政监管改革和技术创新的源动力。为此，应考虑出台相关法律法规将食品安全教育制度化，在全国范围内推进标准化的食品安全国民素质教育内容和中小学相关课程，同时建立权威的食品质量安全知识普及机构，发挥提供科学知识的交流平台的作用，提高消费者的食品安全知识水平。四是应发挥相关社会组织或公益组织在食品安全知识补强中的重要作用，弥补公众的"知识漏斗"，使公众就部分困惑问题实现理性认知，同时能够准确理解食品安全信息并更好地利用信息。建立专业的食品安全信息补强机构，代替公众收集食品安全信息、督促相关机构信息公开，减轻公众的信息弱势地位，使信息工具在最大程度上服务于公共福利。如日本设立的"国民生活中心"

就负责收集和调查与国民生活有关的信息，并将调查结论提供给政府和消费者。

五、信息激励工具

受制于公权能力、资源等因素，公共机构往往不可能获取有关食品安全的充分信息，信息不足常常成为食品安全的执法障碍。对于监管部门来说，一般是通过监督食品企业的生产过程或对食品质量进行检验检测来监控食品安全。然而由于食品供应链的复杂性及供应链主体的多元分散性，监管机构受制于资源约束，很难对供应链所有环节和产品进行全面深入的监测（Crespi et al.，2001；Lapan et al.，2007）。目前，全国食品生产经营行业有许可证的企业有 1 185 万家，另外还存在众多小作坊、小摊贩、小餐饮，全面准确地获取信息难度较大。信息激励工具意在通过制度设计激励公众向监管机构提供问题食品线索。设计信息提供激励制度的主要目的在于通过利益激励促进食品安全风险规则制度的实施。信息激励工具包括食品安全有奖举报和"吹哨人"制度等。应按照法律规定，鼓励群众对问题食品和违规企业进行举报，对食品安全问题的举报人给予相应奖励。同时，也应推行食品企业内部"吹哨人"制度，鼓励企业内部人员对食品生产经营中的违法违规行为进行举报，在给予其奖励的同时，也要给予其特殊的保护。信息激励工具一方面实现了公众参与食品安全监管的权力，另一方面可以降低信息获取成本，是有利于降低监管成本和推进社会共治的制度安排。

六、信息公开工具

现代社会消费者大多处于信息过度供给之中，经常处于"信息疲劳"的状态。当信息负荷过量时，消费者对信息的接受就会表现出路径依赖的特点，即消费者会选择自己最常用、最习惯的接收渠道搜集信息，对于食品安全信息来说也是如此。当前，我国的食品安全信息供给总量不少，但正确的信息往往隐藏在更多的夸大信息之中，重要的信息往往被常规的信息所掩盖。食品安全的信息发布不统一，信息来源无权威性，信息混乱且不一致，不但对食品安全问题和食品安全事故的及时处置不利，还会引起社会上的混乱与恐慌。虽然监管部门会公开食品安全信息，但其信息公开一般采用官网、新闻发布会等形式，这种不具常态性的食品安全信息供给方式在很多国家都未能引起消费者足够的重视。一般来说，信息供给存在一个是否满足有效传播的重要问题，信息被关注及接收的程度与渠道密切相关。如果信息仅仅完成了对外公开，而没有在信息接收者的常用渠道内流动，那么接收者将很难注意到这些信息，最终导致无效传播。

消费者对食品安全问题的担忧实际上是一种对信息的诉求。随着信息公开的理念越来越深入人心，公众对食品安全信息公开的期望值也越来越高。但当前的食品安全信息公开程度无法满足公众的需求。一方面信息公开不足。及时掌握真实的食品安全信息是法律赋予消费者的权利。从健康权和生存权角度看，消费者有权在第一时间得到食品安全风险的信息。《中华人民共和国食品安全法》等法律、法规、规章中对公开哪些涉及食品安全监管的信息有明确规定。但从目前情况看，众多信息并没有得到很好的公开。另一方面，信息公开不及时。食品安全风险的社会建构性，即食品安全风险具有"社会放大效应"。食品安全风险信息在传递过程中的信息量增大、内容失真、危害性夸大，使得远离风险源的消费者获得了层层建构的信息，这种扭曲的信息会导致消费者采取不正确的风险处理方式，甚至容易造成不良的社会经济影响。因此，如果官方或权威机构不能对某一食品安全事件做出快速反应，谣言就会在互联网、社会关系网络中迅速传播，引发公众的各种猜想，严重时可能造成社会恐慌或对整个行业产生恶劣影响。

信息公开是最常用的信息工具。在信息公开方面，由于政府信用的公共性和责任性，使得政府发布信息的影响力远超其他社会组织和个人。基于公共性的要求，对食品安全信息进行如实披露是政府的责任。一方面，信息公开是保障消费者知情权的需要。另一方面，通过食品安全信息公开可以促进市场交易主体"用脚投票"，发挥消费者声誉机制的作用，增强食品生产经营者的自律意识。对于食品企业来说，声誉机制的作用远比罚款等传统处罚方式更具威慑力。对于信息公开来说，主要涉及信息公开的内容范围和传播方式选择两方面问题。如实进行食品安全信息公开是政府的责任，也是保障消费者健康权的需要，《中华人民共和国食品安全法》和《政府信息公开条例》均对信息公开提出了明确要求。但从实践效果来看，我国的食品安全信息公开还有待完善。为此，应建立统一的食品安全信息发布平台，及时、客观、准确、规范地发布食品安全信息，使这个平台成为常态化的食品安全信息发布源。在平台选择时应充分考虑消费者信息接收的路径依赖特点，避免由于发布者"信息独白"带来的信息闲置和执法资源的浪费。统一的信息供给平台不是指单一的信息发布渠道，而是指多种常态渠道的综合体。可建立统一的官方网站，也可在访问量巨大的门户网站开设权威专区进行及时、权威、科学、准确的食品安全信息发布，还可利用官方微博、微信公众号等新兴社交媒体主动公开食品安全信息。应设置专门的新闻发言人，定期召开新闻发布会，通过公布食品安全信息，引导媒体和公众理性认知食品安全风险。同时，应加大食品安全信息公开的程度，依法明确信息公开的范围边界和公开方式，加强对信息公开的问责。

第七章 食品企业的质量信息揭示

由于食品市场中存在逆向选择，高质量食品生产经营者难以获得与其产品品质相匹配的价格。信号传递是解决逆向选择问题的重要手段，食品企业可以通过向消费者传递其产品质量信息来缓解逆向选择，实现食品的"优质优价"。本章将从企业自愿性质量信息揭示和政府强制性信息揭示两个方面分析食品企业的质量信号传递问题。

一、食品市场的逆向选择

在食品市场中，存在着大量的、层次各异的生产商、中间商和零售商，食品生产者与消费者之间在食品质量方面存在着严重的信息不对称。由于消费者无法有效识别食品质量的优劣，无法判断出食品厂商是否以次充好，造成消费者的支付意愿始终维持在低位。因此，食品厂商无法通过质量溢价弥补生产高质量食品带来的额外成本，使得高质量食品很容易被低价的低质量食品逐出市场，使食品市场中"逆向选择"行为盛行，呈现出"柠檬市场"的特性。同时，由于食品本身具有信任品特性，加之"技术进步"带来的各种防腐剂、稳定剂、添加剂等远远超出了消费者的认知范围，消费者很难区分出哪些是质量合格的食品，哪些是低质量的食品，从而激发了败德厂商生产不安全食品的动机。在"东窗事发"后，由于负的外部性作用，甚至会给生产质量合格食品的厂商带来损失。

二、食品质量信息揭示

通过质量信息揭示可以将高质量厂商和低质量厂商区别开来，缓解食品市场中的"逆向选择"行为；同时，质量信息揭示可以调动更多的社会资源加入对食品厂商的监督，发挥声誉机制的威慑作用，提升食品安全水平。

在信号传递方面，国内外学者进行了很多研究。Spence（1973）开创性地运用信号传递理论说明高能力者由于接受教育付出成本较低，可以用教育来区分高能力者与低能力者。Viscusi（1978）和 Jovanovic（1982）研究发现，当质量信息揭示需要付出成本，只有在产品质量达到一定水平时，企业才有动机去主动揭示质量信息。Grossman（1981）提出如果质量信号充分可靠且获取成本较低，消费者在购买后可以以较低的代价证实产品的真实质量，经验品市场就可以有效运转。Biglaiser（1993）认为如果能让第三方（中介组织）介入市场承担信息传递功能，可以有效解决食品质量信号传递中的市场失灵问题。Hobbs（2004）提出通过质量信号传递机制，可以有效缓解或解决食品市场中的信息不对称问题。Daughety 和 Reinganum（2005）认为，如果强制企业公开质量信息，企业将会投入更多资源进行技术研发以提高产品质量，从而使市场中产品质量的平均水平高于不进行信息揭示的情形。国内学者对相关问题的研究中，王秀清和孙云峰（2002）从信息不对称、市场失灵的角度分析了我国食品市场上的质量信号传递问题，提出了包含政府、食品企业、消费者、中介组织等多方面主体在内的促进食品质量信号有效传递的方法。金祥荣和羊茂良（2002）提出通过中介组织进行有效的质量评定，能够较好地传递经验品的质量信号，缓解市场失灵。龚强等（2013）提出信息揭示是提高食品安全的有效途径，规制者通过界定企业需要揭示的生产和交易方面的信息，能够为社会、第三方和监管者提供监督的平台。古川和安玉发（2012）提出食品质量信息披露不足是导致消费者难以分辨食品安全性的重要原因，食品企业必须披露更多的质量安全信息以实现与低质量企业的分离。吴元元（2012）提出声誉机制对食品安全问题治理的重要性，指出声誉机制发挥作用的前提是信息的高效流动。

产品质量信息揭示的形式，可以分为以下几类：一是直接用价格来揭示产品质量。Bagwell 和 Riordan（1991）认为高价格是显示产品质量信息的有效手段。Gerstner（1985）、Tellis 和 Wernerfelt（1987）分析认为，价格—质量的关联度与产品种类有很大关系，对于耐用品来说，价格—质量的关联度较高。对于食品来说，有机食品的价格一般较高。二是通过广告、品牌或声誉投资来揭示产品质量（Kirmani et al.，1989；Erdem et al.，1998；Yung - Sung Chiang et al.，2012）。在消费者的信息搜寻成本较高，无法判断其所购食品是否安全时，广告或品牌会对消费者的决策起到很大的影响作用。消费者一般会认为，不可信的企业较不可能在费用昂贵的出版物或全国性电视台做广告，食品企业在行业中的地位也具有重要的质量信号功能。三是通过"担保"来揭示产品质量（Boulding et al.，1993；Kelley，1988）。较为常见的是"质量保证金"制度。"质量保证金"制度是指产品供应商给采购者支付一笔质量保障金，确保自己产品质量不存在问题，采购者在产品销售后会将质量保障金退还给供应商。在此制度体系下，优质产品供应商自知其产品质量优良，能确保产品销售后"质量保证金"能得到退还；相反，劣质产品供应商则不愿意支付"质量保证金"，因为他们自知产品质量低劣，一旦缴纳了"质量保证金"则意味着销售结束后保证金将被采购者罚没，增加了自己产品的生产成本。"质量保障金"制度虽然效果有限，但是还是可以相对有效地保障产品质量安全。

三、自愿性信息揭示与逆向选择

在这里首先对食品质量与食品安全的概念做一个简单的辨析，以方便下文的分析。WHO 对食品安全的定义为："不存在对人体健康造成急性或慢性损害的风险"；对食品质量的定义为："食品影响消费者价值的特征"。我国《食品工业基本术语》中将食品质量定义为："食品满足规定或潜在要求的特征和特性的总和，反映食品品质的优劣"。由此可见，食品质量是一个"度"的概念，反映食品的优劣程度，而食品安全是一个"质"的概念。

基于此，本章将食品厂商分为高质量厂商和低质量厂商两类，与之对应，高质量厂商生产高质量食品，低质量厂商生产低质量食品。但低质量食品不一定为不安全食品，因为对产品质量的理解取决于消费者个人的偏好，比如低质量食品在口感、味道、新鲜程度等方面可能较差，但不影响其安全性。

对于食品的经验品特性来说，由于消费者无法在购买前判断食品的质量差异，因而他们不愿为高质量食品支付高价格。在没有质量溢价的条件下，市场缺乏对厂商的激励机制，因此减少了高质量食品的产出，使食品市场具有了"柠檬市场"特性。但在消费后消费者即可了解食品的质量特性，继而做出是否重复购买的决定。能否克服消费者的"逆向选择"，取决于消费前厂商或第三方机构能否向消费者传递有效的质量信号。食品厂商出于未来收益考虑,会产生生产高质量食品并传递相应质量信号的动机。自愿性质量信息揭示的目的是通过信号传递实现高质量厂商和低质量厂商的分离,克服食品市场中的"逆向选择"现象。这里的前提是低质量厂商和高质量厂商的信息揭示成本存在差异,质量信息揭示成本应足够高,使得低质量厂商无法向消费者传递相同的信号。

1. 基本模型

考虑市场中有两个代表性厂商,即高质量厂商和低质量厂商,高质量厂商生产高质量食品,低质量厂商生产低质量食品,每一类型厂商都有进行质量信息揭示和不进行质量信息揭示两种选择,由此形成策略组合,食品厂商信息揭示策略选择如图7-1所示。

项目	进行信息揭示	不进行信息揭示
高质量厂商	A	B
低质量厂商	C	D

图7-1 食品厂商信息揭示策略选择

（1）假设

做出如下研究假设:

① 市场中只有两种类型的代表性消费者,一种为质量敏感型消费者,他们购买食品时非常关注食品质量;另一种为非质量敏感型消费者,他们对食品品质要求不高,这类消费者更多为价格敏感型消费者。

② 市场中只有两个代表性厂商,分别为生产高质量食品的厂商和生产低质量食品的厂商,且这一信息对于所有消费者是共有知识。厂商生产工艺及过程持续不变,即高质量厂商只生产高质量食品,低质量厂商一直生产低质量食品。

③ 消费分为第一次消费和后续消费两个阶段,在这两个阶段中消费者类型不变,即对食品质量的偏好不变。

④ 质量敏感型消费者只购买进行信息揭示的产品,由于价格差异,非质量敏感型消费者只购买不进行信息揭示的产品。

⑤ 食品质量信息在初始时是隐蔽的,但在一次购买后消费者即可完全了解食品质量信息。

（2）变量定义

① 高质量厂商的定价为 p_H，低质量厂商的定价为 p_L。

② mc_H 为高质量厂商的边际成本，mc_L 为低质量厂商的边际成本。

③ q_H 为每一个阶段质量敏感型消费者的购买数量，q_L 为每一个阶段非质量敏感型消费者的购买数量。

④ n 代表购买次数。

⑤ c_S 代表信息揭示成本。

（3）收益函数

① A 和 D 选择下的收益组合。A 代表高质量厂商进行信息揭示的情况，高质量厂商的收益为：

$$(p_H - mc_H) \times q_H \times n - c_S \tag{7-1}$$

D 代表低质量厂商不进行信息揭示的情况，低质量厂商的收益为：

$$(p_L - mc_L) \times q_L \times n \tag{7-2}$$

② B 和 D 选择下的收益组合。B 代表高质量厂商不进行信息揭示，D 代表低质量厂商不进行信息揭示，此时高质量厂商的收益为：

$$(p_H - mc_H) \times 1/2 \times q_L \times n \tag{7-3}$$

低质量厂商的收益为：

$$(p_L - mc_L) \times 1/2 \times q_L \times n \tag{7-4}$$

由于高质量厂商与低质量厂商都没有揭示质量信息，所以质量敏感型消费者不会进入市场，根据假设，食品市场中只有高质量厂商和低质量厂商两家，且假定两家厂商各占市场份额的一半。

③ B 和 C 选择下的收益组合。B 代表高质量厂商不进行信息揭示，C 代表低质量厂商进行信息揭示，此时，高质量厂商的收益为：

$$(p_H - mc_H) \times q_L + (p_H - mc_H) \times q_H \times (n-1) =$$
$$(p_H - mc_H) \times [q_L + q_H \times (n-1)] \tag{7-5}$$

低质量厂商的收益为：

$$(p_L - mc_L) \times q_H - c_S + (p_L - mc_L) \times q_L \times (n-1) =$$
$$(p_L - mc_L) \times [q_H + q_L \times (n-1)] - c_S \tag{7-6}$$

根据前文假设，消费者在一次购买后即可知道食品质量的真实信息，因此，质量敏感型者在"受骗"一次后即转而消费高质量厂商的产品。

④ A 和 C 选择下的收益组合。A 代表高质量厂商进行信息揭示，C 代表低质量厂商进行信息揭示，此时，高质量厂商的收益为：

$$(p_H - mc_H) \times 1/2 \times q_H - c_S + (p_H - mc_H) \times q_H \times (n-1) =$$
$$(p_H - mc_H) \times [1/2 \times q_H + q_H \times (n-1)] - c_S \quad (7-7)$$

低质量厂商的收益为:

$$(p_L - mc_L) \times 1/2 \times q_H - c_S + (p_L - mc_L) \times q_L \times (n-1) =$$
$$(p_L - mc_L) \times [1/2 \times q_H + q_L \times (n-1)] - c_S \quad (7-8)$$

第一次购买时,高质量厂商和低质量厂商共享质量敏感型消费者(各占一半),根据假设,质量信息明示后,后续消费中,高质量厂商将会获得所有质量敏感型消费者,而低质量厂商获得所有非质量敏感型消费者。

(4) 分离均衡条件

对于低质量厂商来说,当 D>C 时,低质量厂商将选择不揭示质量信息。

即

$$(p_L - mc_L) \times 1/2 \times q_L \times n > (p_L - mc_L) \times [q_H + q_L \times (n-1)] - c_S$$
$$(7-9)$$

得出: $\quad c_S > (p_L - mc_L) \times [q_H + (n-2) \times 1/2 \times q_L] \quad (7-10)$

在式 (7-9) 中,左手边是式 (7-2) 和式 (7-4) 中收益的较小者;右手边是式 (7-6) 和式 (7-8) 中的收益较大者,即取不揭示信息情况中收益较小者,取虚假信息揭示中收益较大者,使得限制条件更为严格。

对于高质量厂商来说,当 A>B 时,高质量厂商选择进行信息揭示。这里式 (7-7) 中的收益小于式 (7-1) 中的收益。但式 (7-3) 和式 (7-5) 收益的大小取决于质量敏感型消费者和非质量敏感型消费者每个阶段消费数量的大小。基于此,条件如下:

$$(p_H - mc_H) \times [1/2 \times q_H + q_H \times (n-1)] - c_S > (p_H - mc_H) \times 1/2 \times q_L \times n$$
$$(7-11)$$

得出: $(p_H - mc_H) \times [q_H \times (2n-1)/2 - 1/2 \times q_L \times n] > c_S$
$$(7-12)$$

或者

$$(p_H - mc_H) \times [1/2 \times q_H + q_H \times (n-1)] - c_S > (p_H - mc_H) \times [q_L + q_H \times (n-1)]$$
$$(7-13)$$

得出: $\quad (p_H - mc_H) \times (1/2 \times q_H - q_L) > c_S \quad (7-14)$

很明显,当 $(p_H - mc_H) \times 1/2 \times q_L \times n > (p_H - mc_H) \times [q_L + q_H \times (n-$

1)〕时，即 $1/2 \times q_L \times (n-2) > q_H \times (n-1)$ 适用于式（7-12），反之适用于式（7-14）。

（5）混合均衡条件

现在考虑相反的情况，当 B>A 或 C>D 时，这两种情况中的任何一个成立，则质量信息揭示是无效的。即

$$(p_L - mc_L) \times [q_H + (n-2) \times 1/2 \times q_L] > c_S \qquad (7-15)$$

表明在 C 情况（发送虚假质量信号）下的收益超过 D 情况（不发送质量信号），此时，对于低质量厂商来说，信息揭示成本相对较低，低质量厂商会选择发送虚假的质量信号。

另外，

$$(p_H - mc_H) \times [q_H \times (2n-1)/2 - 1/2 \times q_L \times n] < c_S$$
$$(7-16)$$

或

$$(p_H - mc_H) \times [1/2 \times q_H - q_L] < c_S \qquad (7-17)$$

表明在 B 情况下，高质量厂商的收益大于 A 情况，此时高质量厂商会选择不进行信息揭示，因为信息揭示成本相对较高。$1/2 \times q_L \times (n-2) > q_H \times (n-1)$ 适用于式（7-16），反之适用于式（7-17）。

（6）总结

信息揭示成本的大小对于能否实现分离均衡至关重要，信息揭示成本应足够大，使得低质量厂商不愿意进行虚假信息揭示，同时信息揭示能够为高质量厂商带来更高的收益，收益应超过信息揭示成本。从式（7-9）、式（7-12）及式（7-14），我们可以得出有效信息揭示的条件。即

$$(p_H - mc_H) \times [q_H \times (2n-1)/2 - 1/2 \times q_L \times n] > c_S > (p_L - mc_L) \times$$
$$[q_H + (n-2) \times 1/2 \times q_L] \qquad (7-18)$$

或者

$$(p_H - mc_H) \times [1/2 \times q_H - q_L] > c_S > (p_L - mc_L) \times [q_H + (n-2) \times 1/2 \times q_L]$$
$$(7-19)$$

$1/2 \times q_L \times (n-2) > q_H \times (n-1)$ 适用于式（7-18），反之适用于式（7-19）。

2. 厂商自愿性信息揭示方式

食品是生活必需品，需求价格弹性较小，消费者重复购买的概率很高。就食品的经验品特性而言，由于消费者在消费后可以了解食品的真实

质量，继而做出是否重复购买的决策，因此，食品厂商会有动力去传递食品质量较高的信号，从而获得长期收益。自愿性信息揭示的方式有广告、价格、品牌、声誉投资、担保等。

理性的消费者会意识到食品厂商进行广告投入，必然需要将来的收入来补偿。如果广告所传递的质量信息为虚假信息，那么这笔将来的收入将不能实现，因此，信息揭示的内容必然是真实的。这种信息揭示包含着一种可置信的承诺。低质量厂商一般不会做出这样的承诺，因为虚假的质量承诺会给其带未来收益损失的风险。Nelson（1974）、Milgrom和 Roberts（1986）的研究表明，大多数广告并没有直接说明产品的质量，但巨额广告费本身就传递了质量信号，从而实现与市场中其他厂商的分离。

担保也可以传递高质量的信号，通过担保厂商可以向消费者传递一个信息，即如果厂商做了虚假宣传，将会带来直接的经济损失。对于低质量食品厂商而言，如果其模仿了高质量厂商的担保制度，将会带来收不抵支的巨大风险，因此，可以实现市场上高质量厂商和低质量厂商的分离。这里要说明的是，如果低质量厂商对质量保险做出承诺，但其可以通过执行高价格策略（价格仍然低于高质量厂商）带来的收益来弥补高额赔偿金风险，混合均衡将会出现，质量保证将是一个不成功的质量信号。担保的形式可以有质量保险和质量保证金。

四、强制性信息揭示与食品安全

如前文所述，广告投入、品牌投资等可以传递食品质量的间接信号。但当食品质量涉及农药兽药残留、添加剂及稳定剂使用、微生物污染时，其潜在安全风险在很长时间内都难以发现，消费者在消费前和消费后获取相关信息的成本都非常高。在这种情况下，食品广告的质量信号功能有可能异化为虚假的宣传效应。"三聚氰胺"事件的主角三鹿集团、"瘦肉精"事件的主角双汇集团都是行业的领军企业，在广告和声誉投资中都是不惜重金，使消费者错误地感知其产品为高质量产品，而事实上他们的产品隐藏着重大的安全风险，虚假宣传效应加上信任品特性使得消费者的自我保护能力被大大削弱。食品的信任品特性，使得市场调节近乎失灵。由于消费者在消费后无法了解到食品是否存在潜在危害，从而增加了厂商机会主义行为的动机。这时，就需要实施行政规制即强制性质量信息揭示来约束厂商行为。强制性信息揭示的目的是保证食品质量的底线即食品安全，减少对消费者健康造成危害的风险。

1. 基本模型

（1）假设

① 食品厂商自主选择生产技术（安全食品和不安全食品），且做出技术选择前能够确认生产成本。

② 质量信息揭示成本和厂商生产成本不相关。

③ 由于无法实现质量检测全覆盖，生产出的不安全食品可能进入市场，但生产出的安全食品一定通过检验并进入市场。

（2）变量定义

① 食品厂商生产安全食品的边际成本为 mc_G，生产不安全食品的边际成本为 mc_B。

② 生产安全食品时信息揭示成本为 c_{GS}，生产不安全食品时信息揭示成本为 c_{BS}，这里 $c_{BS} > c_{GS}$，因为生产不安全食品时，信息揭示成本除正常成本外还包括造假成本及事后的惩罚风险，c_{GS} 与 c_{BS} 都与信息揭示的数量有关，记 $c_{GS} = d$。

③ 信息揭示的有效性系数为 α，$\alpha = \dfrac{c_{LS}}{c_{HS}}$，$\alpha$ 越大越合理，说明生产不安全食品的信息揭示成本越大。

④ 生产安全食品的利润为 π_G，生产不安全食品的利润为 π_B。

⑤ 食品厂商生产不安全食品却进入市场的概率为 P。

⑥ 单位食品的价格为 ω。

（3）收益函数与决策

食品厂商的收益函数为：

$$\pi = \omega \times P - mc - c_S \qquad (7-20)$$

只有当生产安全食品的利润大于生产不安全食品的利润时，即 $\pi_G > \pi_B$ 时，食品厂商才有动机去生产安全食品。

$$\pi_G - \pi_B = \omega - mc_G - c_{GS} - (\omega \times P - mc_B - c_{BS}) = \omega \times (1-P) - (mc_G - mc_B) + (c_{GS} - c_{BS}) \qquad (7-21)$$

由 $c_{GS} = d$，得 $c_{BS} = \alpha d$，这时得：

$$\pi_G - \pi_B = \omega \times (1-P) - (mc_G - mc_B) + d \times (\alpha - 1) > 0 \qquad (7-22)$$

$$d > \frac{(mc_G - mc_B) - \omega \times (1 - P)}{\alpha - 1} \qquad (7-23)$$

只有满足式（7-23）时，食品厂商才有动机去生产安全食品。

2. 强制性信息揭示规制

强制性信息揭示即根据不同类型食品企业生产的特点，强制其揭示某些生产和交易环节的具体内容。强制性质量信息揭示的形式可以包括对食品标签内容的强制规定、强制性食品认证、强制性保险等。强制性信息揭示的内容并非企业的商业机密，而是强制企业公布一些消费者有权利知道，而对企业正常经营不会造成影响的信息。这样做的目的是构建食品质量的社会监督平台，因为信息公布越多，能够调动的社会监督资源也就越多。通过强制性信息揭示可以增加低质量厂商的信息揭示成本，形成一种社会威慑。《中华人民共和国食品安全法》《食品标识管理规定》《预包装食品标签通则》《预包装食品营养标签通则》等法律规章中规定的相关内容就属于强制性质量信息揭示，国务院办公厅印发的《2014年食品安全重点工作安排的通知》中要求研究建立食品安全责任强制保险制度，这也属于一种强制性信息揭示。对于食品企业强制性质量信息揭示，一方面应建立一套具有法律效力的质量信息揭示"核心参照标准"，明确规定揭示的内容、程度及适用范围，"核心参照标准"要能够增加低质量厂商的信息揭示成本，关注信息的可识别性和可验证性；另一方面，保证法律和规章能够得到有效实施，加强政府监管和社会监督，对于不按要求进行信息揭示的食品厂商给予惩罚。

五、总结及对策建议

1. 总结

食品的经验品和信任品特性使得食品市场中容易出现"逆向选择"和"道德风险"。建立良好的质量信号传递机制，有助于将经验品和信任品特性转变为搜寻品特性，从而缓解市场失灵和保护消费者利益。我们从市场调节和政府规制两个角度分析了食品质量信号的传递问题，研究结果表明，无论是自愿性信息揭示还是强制性信息揭示，信息揭示成本都是关键问题。对于自愿性信息揭示来说，信息揭示应能给高质量厂商带来溢价收益，同时低质量厂商因成本过高无法模仿相同的质量信号，从而缓解逆向选择的问题，有效区分高质量食品和低质量食品。对于强制性信息揭示来说，信息揭示成本应足够高，使得厂商在选择生产技术（生产安全食品或生产不安全食品）时不去生产不安全食品，因为生产不安全食品将会带来巨大的收益损失。

2. 对策建议

（1）提高消费者利用信息的意识和能力

被揭示信息的出口是消费者、政府、社会组织等，只有这些利益相关主体充分利用了这些信息，才能起到激励高质量厂商、惩罚低质量厂商的目的。食品质量安全不仅需要政府这只"有形的手"、市场这只"无形的手"，还需要消费者"无数双眼"。当前，对食品质量信息而言，我国消费者普遍存在着一种"信息冷漠"，很多消费者不去留意食品厂商揭示的质量信息，例如购买时不注意食品标签表示的内容是否完全、规范和真实，这也在一定程度上降低了食品厂商主动进行质量信息揭示的动机。除非发生重大的食品安全事件，消费者才会集中关注某类食品的质量问题，有时甚至会采取拒绝购买某一类产品的极端方式，在惩罚不良厂商的同时，给整个行业造成了损失。如果每一个消费者都去关注食品厂商揭示的质量信息，并将其作为购买的重要依据，势必会给不良厂商造成巨大的信息压力，无形中增加了其不揭示信息或揭示虚假信息的成本。为此，应提升全民的食品质量安全意识和维权意识，加强对消费者食品质量安全知识的教育，可以通过在国民教育体系中普及食品质量安全知识，或者建立权威的食品质量安全知识普及机构，提高消费者搜寻信息和利用信息的能力，发挥声誉机制的作用。

（2）强化信息揭示监管

对于自愿性信息揭示而言，应加强对广告的监管力度。由于食品的信任品特性，消费者在消费前后难以判断其真实质量，食品广告很容易从视觉、听觉等感官维度影响公众的判断，成为消费者决策的指引，为此应进一步加强对食品广告的监管，提高虚假信息发布的成本。国家工商总局2012年发布了《食品广告监管制度》，明确了广告发布者、广告经营者对食品广告的审查责任，广告主、广告经营者、广告发布者对虚假违法食品广告承担连带责任。对于强制性信息揭示而言，除加强行政执法外，还应充分发挥社会监督的作用，完善食品安全有奖举报制度，探索建立"吹哨人"制度，对于不按要求进行信息揭示或进行虚假信息揭示的食品厂商给予处罚，将其列为重点检查对象。同时，还应规范信息发布渠道，提高消费者信息接收效率，使不安全食品的信息或揭示的虚假信息在第一时间为消费者所知晓。可通过开通电视的食品安全专用频道、广播中的食品安全专有频率、门户网站或地方报纸的显著位置、公交地铁的公益广告牌、公益手机短信或微信等形式传递相关信息，提高消费者的自我保护能力，发挥声誉机制的惩罚作用。

（3）发挥中介组织的作用

在信息不对称环境中，中介组织的存在具有重要作用。中介组织介于政府与企业之间、商品生产者与经营者之间、个人与单位之间，提供信息服务是其重要的社会功能。通过中介组织对食品质量进行有效评定，是传递食品质量信号的重要渠道。在我国，涉及食品质量安全的中介组织主要包括食品检验机构、食品认证机构、食品行业协会、消费者委员会等，从履行职能的效果看，现有中介组织未能实现食品质量信息有效揭示的目标。我国现有 2.5 万家质量服务技术机构，其中近 2 万家由不同的政府部门直接设立，平均每家资产总额不足 500 万元、年收入不足 400 万元。而2012 年 SGS、BV、Intertek 等国际质量技术服务集团的平均收入是我国质量技术机构平均收入的近 7 000 倍。同时，在食品质量检测中，存在不同程度的"规制俘获"现象，降低了消费者对中介组织的信任程度。为此，一是应推进中介组织的"去行政化"。中介组织的唯一资产是信誉，而信誉的基础是产权。对于具有官方或者半官方性质的中介组织来说，模糊不清的产权结构会使其缺乏建立和维护信誉的压力和动力，反而会刺激其逐利的需求。为此，应推行中介组织的"去行政化"，从机构形式、组织制度和利益链条上，摆脱中介组织与政府部门的从属关系。政府除保留少数权威的鉴定评估机构之外，对其他食品安全监管和公共服务所需的质量信息采取市场购买的方式，使中介组织为消费者、企业和政府提供公正的第三方食品质量安全信息。二是促进中介组织的"规模化"。以规模较大、具有一定知名度的中介组织为核心，对中介组织进行整合，建立具有国际声誉和竞争力的食品质量技术服务机构。鼓励中介组织进行长期信誉投资，打造品牌，成为消费者、政府和企业可以信赖的食品质量信息来源。

第八章　消费者的食品安全信息搜寻

近年来，食品安全问题备受关注，频频发生的食品安全问题一次次触动消费者的神经，消费者对社会食品安全现状信心不足。2014 年，零点调查在北京、上海、广州、深圳、沈阳等 20 个城市就食品安全问题进行调查，调查对象为 18～60 周岁的居民，随机选取 3 166 位进行访谈。从调查结果来看，77.8％的公众对我国当前的食品安全现状持负面评价，其中 17.8％认为中国的食品安全状况"非常差"。上海市食品安全委员会办公室公布的 2013 年上海食品安全监测总体合格率为 94.5％，广州市 2012 年食品检测整体合格率 95.3％，北京市 2012 年食品抽查合格率达 95.92％。造成这一矛盾的根本原因是食品安全信息不对称。由于食品本身的信任品属性以及外部食品安全信息供给的低效率，消费者很难获取有关食品安全的有效信息，无法通过声誉机制严惩不法经营者，有时甚至会因为错误信息造成恐慌。当前，我国食品安全相关信息供给存在一多一少两个极端，一多即食品安全信息供给绝对数量多，各种媒体、各类机构通过各种方式向社会传播各种类型的食品安全信息，其中不乏来自媒体、专家或企业的误导信息，令消费者无所适从；一少即消费者能够有效接收并产生效用的信息少，很多信息都是无效传播。在"2014 年国际食品安全大会"上，"透明产生信任"已经成为与会国内外专家的共识。食品安全信息的通畅流动可以增加食品安全的透明度，减少消费者对食品安全的不信任；同时，信息也是消费者声誉机制发挥作用的基础，消费者通过"用脚投票"的声誉机制可以对不法经营者进行最严厉的惩罚，降低政府监管成本。通过研究消费者对食品安全信息搜寻的规律，可以有针对性地提高食品安全信息供给的效率，增强消费者的自我保护能力，引导消费者参与食品安全监管，减轻行政执法的负荷，保障社会食品安全。

一、理论背景与研究假设

1. 理论基础

消费者行为理论认为需求识别和信息搜寻是消费者购买决策前的重要环节，通过信息搜索可以降低消费者的不确定性。Jacoby 等（1978）提出与信息搜寻有关的四大类变量，包括信息搜寻的影响因素、信息搜寻测量、信息搜寻策略和信息搜寻的结果变量。Engel、Blackwell 和 Miniard（1986）提出影响消费者信息搜寻努力的因素包括市场环境因素、状况因素、产品因素、个人因素四个方面。Katrin Zander 和 Ulrich Hamm（2012）以有机食品消费为例，分析了消费者信息搜寻行为及其影响因素，提出人口统计特征和对环境及食品生产的态度将影响消费者的信息搜寻行为。Yamin Fadhilah Mat 等（2013）提出消费者的产品知识将会影响信息搜寻行为。李东进（2002）分析了影响消费者信息搜寻努力的因素，包括对搜寻信息的态度、独立自我与并立自我、搜寻费用、产品信息的关心四个方面。孙曙迎和徐青（2007）将影响消费者网上信息搜寻努力的因素分为搜寻因素和网络因素，其中搜寻因素包括产品涉入、产品知识、感知风险、购买经历等。江晓东等（2013）将国内外学者提出的影响消费者信息搜索的因素分为五大类，包括市场环境因素、情境因素、潜在收益、知识与经验、消费者个体特征。

食品安全事关消费者身体健康甚至生命安全，理性消费者具有对食品安全相关信息的需求，这也就构成了信息搜寻的基础。目前，针对消费者食品安全信息搜寻方面的研究仍有不足。张莉侠和刘刚（2010）分析了影响消费者对生鲜食品质量安全信息搜寻行为的因素，从消费者个人特征、消费行为及产品属性三个角度进行了研究。赵源等（2012）认为，食品安全危机中公众的风险认知和信息需求会呈现出阶段性特性。全世文和曾寅初（2013）构建了消费者食品安全信息搜寻行为的分析框架，从消费者对食品安全信息的需求、在信息搜寻过程中面临的问题、获取信息的渠道等方面进行了研究。韩杨等（2014）分析了消费者对食品质量安全信息的需求差异，认为不同类型的消费者关注的食品质量信息有所不同。

2. 搜寻影响因素

结合国内外学者的研究成果，研究将影响消费者食品安全信息搜寻行为的因素分为信息涉入、感知风险、食品安全知识、搜寻成本四个方面。

（1）信息涉入

信息涉入也可以称为信息卷入，主要是指消费者主观地认为信息与自己的相关性。一般来说，信息涉入程度高，会主动搜寻更多的信息，而信息涉入程度低，则搜寻信息的动力较小。对于食品安全信息来说也是如此，消费者对食品安全问题涉入程度越高，就越会更多地搜寻食品安全相关信息。比如家中有婴儿的家庭会特别关注奶粉的质量安全信息，2013年的恒天然乳制品污染事件中，很多家长为了决定是否更换奶粉进行了大量的信息搜集。

假设1：信息涉入与食品安全信息搜寻努力正相关。

（2）感知风险

感知风险是指因为缺乏外部信息的搜寻而产生各种损失的可能性，感知风险会影响消费者对信息搜寻的需求程度。Mitra K 等（1999）认为信息搜寻行为是降低消费者对产品感知风险的有效措施。Wansink（2004）和 Schroeder 等（2007）将消费者对食品的感知风险定义为"消费者在特定情形下对食品安全风险水平的感知判断"，或者"消费者对自身暴露于食品安全风险的可能性评估"。消费者对食品安全问题的感知风险越大，越会去主动搜寻相关的信息。

假设2：风险感知与食品安全信息搜寻努力正相关。

（3）食品安全知识

食品安全知识是指在信息搜寻时，消费者已经掌握的食品安全相关知识。食品安全知识具有广泛性和专业性特点。首先，食品安全问题涉及企业、政府、消费者等利益相关主体，覆盖到食品生产与销售、食品质量检测、食品安全监管与认证、食品消费等方方面面的问题，涉及面很广；其次，新技术及新工艺的出现，各种防腐剂、添加剂、稳定剂的使用远远超出消费者的认知范围，使食品安全知识具有很强的专业性。因此，必要的食品安全知识会成为消费者食品安全信息搜寻的"索引"，食品安全知识的掌握程度会影响消费者的信息搜寻努力。比如，消费者只有了解食品安全监管机构才能知道去哪里搜寻获得食品生产许可证的企业信息；同时，只有知道食品安全认证的知识，即了解哪些认证是国家权威机构的认证，才能据此去搜寻经过认证的食品信息。

假设3：食品安全知识与食品安全信息搜寻努力正相关。

（4）搜寻成本

Stigler G. J.（1987）指出："信息的搜集和整理需要成本，且边际成本递增。现实中信息始终是处于不对称之中，在价格上表现为价格离散，在质量上则表现为以次充好。"消费者在进行食品安全信息搜寻时要付出一定的时间、精力甚至金钱，我们称之为信息搜寻成本。一般来说，信息搜寻成本等于获得目标信声的成本和排除信息噪声的成本之和。如前文所述，当前我国食品安全类信息供给存在绝对数量多但有效信息数量少的情况。全世文和曾寅初（2013）对北京市消费者的调查研究表明，消费者在搜寻食品安全信息时面临几大问题，分别是真假难辨、渠道不畅和价值不高、信息量供给不足、过于专业化。

假设 4：搜寻成本与食品安全信息搜寻努力负相关。

3. 理论模型及研究假设

根据上述假设，提出消费者食品安全信息搜寻影响因素理论模型，如图 8-1 所示。

图 8-1　消费者食品安全信息搜寻影响因素模型

4. 变量度量

上述理论模型中的变量无法直接度量，因此研究将每个变量转化为若干可观测变量，实现结构变量的量化，进而运用可观测变量的数据分析影响消费者食品安全信息搜寻的因素及其影响程度大小。量表设计采用 Likert 五点法，分值代表着消费者对每一问题所述内容的认同程度，1 代表非常不同意，5 代表非常同意。

（1）信息涉入的度量

一般来说，涉入可以分为以下几种方式，即产品涉入、广告涉入和自我涉入。其中，产品涉入是指对消费者对某一特定产品的感兴趣程度；广告涉入是消费者对于处理广告信息的感兴趣程度；自我涉入则是指消费者认为某一产品对于其自我概念的重要程度（林建煌，2004）。Srinivasan

和 Ratchrord（1991）提出消费者对产品的关心程度越高，越会更多地搜寻相关产品的信息。基于上述分析，本研究从以下四个方面来度量消费者食品安全信息涉入：①对食品安全问题的关心程度。一般情况下，如果消费者关注食品安全本身，他会更加关心有关食品安全的信息。②与自己的相关性。消费者一般会关注自己或家人经常消费的食品的安全信息。③对食品广告的关注度。在无法获得食品质量真实信息的情况下，食品广告往往会成为消费者判断食品是否安全的依据，对食品广告或品牌形成某种程度的心理依赖。④购买经历。一般来说，对食品的购买频次越高，越会关注食品安全信息，本研究以消费者对食品的周购买次数来衡量购买经历。

（2）感知风险的度量

根据 Cox（1967）的研究，感知风险的核心组成是风险的不确定性和后果的严重性。本研究以这两个指标作为衡量消费者食品安全感知风险的两个维度。①不确定性。不确定性一般指事前不能知道某件事情或某种决策的结果。本研究中的不确定性是指消费者主观感知的不确定性。对于不确定性的度量，本研究以消费者对当前食品安全状况的信任程度作为直接衡量指标。信任是一种介乎不确定性与确定性之间的存在，是针对风险问题的一种解决办法，它通过简化复杂性，增加了对不确定性的承受能力。②后果严重性。本研究中的后果严重性是指消费者主观感知的后果严重性，以消费者对食品安全风险的恐惧度来衡量后果严重性维度。Sparks 和 Sheperd（2005）提出恐惧感和风险熟悉程度是影响消费者食品安全风险认知的主要因素。本研究以消费者购买时是否考虑食品安全问题作为直接度量指标。

（3）食品安全知识的度量

全世文和曾寅初（2013）将食品安全信息划分为六类，分别是食品安全标准类信息、食品安全事件类信息、食品安全质检类信息、食品安全常识类信息、食品安全法规类信息、食品安全认证类信息。知识是经过个体头脑处理过的信息，为区别知识与信息，本研究以全世文和曾寅初的研究为基础，将度量食品安全知识掌握程度的指标分为以下三类：第一类是食品安全常识，第二类是食品安全法律法规、标准、认证类知识，第三类是食品安全监管及检验类知识。

（4）搜寻成本的度量

一般来说，搜寻成本由两部分构成，一部分是信息搜寻的时间成本，这是一种机会成本；另一部分是现实支出的成本，包括渠道费用、交通费用等，从某种意义上说，这是一种交易成本。Beatty 和 Smith（1987）提出搜寻成本包括为信息搜寻而付出的时间、努力、金钱等方面的支出以及为搜寻信息而要感受到的不便等。基于此，本研究用以下三个指标来衡量食品安全信息的搜寻成本：①信息搜寻的时间成本；②信息搜寻的物质成本；③由于搜寻而带来的身体或心理上的负担。

（5）信息搜寻努力的度量

消费者信息搜寻可分为两类，一类是主要依靠过去经验的消极内部搜寻；另一类是对他人、媒体等信息源的外部搜寻努力。对于食品安全信息来说，主动搜寻和被动接受的主要差异就在于是否花费一定的时间和精力去搜寻和整理食品安全信息。本研究用以下两个指标来衡量消费者的食品安全信息搜寻努力：①主动搜寻食品安全信息，而不是被动接受；②被动地接触食品安全信息，而后主动进行搜寻确认。

二、实证结果分析

在理论分析与模型构建的基础上，本研究将通过调查问卷所获得的数据对理论模型与假设的正确与否进行实证检验，为提出客观的政策建议找到依据。

1. 实证对象选择与数据收集

为保证样本来源的多元性及问卷填写的有效性，本研究采取了分层抽样的方法，即通过作者的社会关系网络，以职业为划分依据，分别选取了高校教师、外企员工、国企员工、民营企业员工、退休人员、在校大学生作为调查对象，共发放问卷 140 份，回收问卷 132 份，其中有效问卷 121 份，有效回收率为 86.4%。

2. 数据质量分析

（1）信度检验

本研究应用 SPSS Statistics 17.0 软件对问卷数据的信度与效度进行分析。Cronbach's α 信度系数是比较常用的信度系数，根据 Nunnally（1978）的分析，$\alpha>0.9$ 说明信度非常好；α 为 0.7～0.9 说明信度较高；α 为 0.35～0.7 是中等信度；而 $\alpha<0.35$ 说明信度较低。Cronbach Ahpha（1951）认为当 CITC 值小于 0.5 时，通常就删除该测量项目，但也有学者认为 0.3 符合要求（卢纹岱，2002），本研究以 CITC 值小于 0.3 作为

净化测量项目的标准。应用 SPSS Statistics 17.0 对因变量和自变量信度分析，变量信度的分析结果如表 8-1 所示。

表 8-1 变量信度的分析结果

潜变量	Cronbach's α 值	测量变量	CITC 值	删除该指标的 Cronbach's α 值
信息涉入	0.556	对食品安全的关心程度（Q1）	0.329	0.493
		与自己的相关性（Q2）	0.362	0.470
		对食品广告的关注（Q3）	0.312	0.508
		购买经历（Q4）	0.365	0.464
感知风险	0.897	对食品安全状况的信任程度（Q5）	0.814	——
		购买时是否考虑食品安全问题（Q6）	0.814	——
食品安全知识	0.587	食品安全常识知识掌握程度（Q7）	0.417	0.458
		食品安全法律、标准、认证类知识掌握程度（Q8）	0.373	0.519
		食品监管及检验类知识掌握程度（Q9）	0.404	0.477
信息搜寻成本	0.763	信息搜寻的时间成本（Q10）	0.747	0.502
		信息搜寻的物质成本（Q11）	0.386	0.902
		因搜寻带来的身体或心理不适（Q12）	0.686	0.574
信息搜寻行为	0.466	主动搜寻食品安全信息（Q13）	0.307	——
		被动接受后主动搜寻确认（Q14）	0.307	——

如表 8-1 所示，所有潜变量的 Cronbach's α 信度系数均位于高级或中级信度区间，所有测量变量的 CITC 值均大于 0.3，说明问卷信度较好。

（2）效度分析

本研究问卷的测量项目均来自相关研究文献，具有理论基础，能够满足内容效度的要求。结构效度方面，本研究应用因子分析来检验问卷的结构效度。首先应用 KMO 样本测度与巴特利特球体检验判断样本是否适合做因子分析。一般来说，KMO 在 0.8 以上，很适合做因子分析；KMO 在 0.6 以上，适合做因子分析；KMO 在 0.5 以下，不适合做因子分析（马庆国，2002）。巴特利特球度检验统计值的显著性概率小于等于 0.05 时，可以做因子分析。本研究的 KMO 值为 0.672，且巴特利特球度检验统计值的显著性概率为 0，符合因子分析的条件。如因子分析的碎石图

（图8-2）所示，前5个变量的特征值均大于1，因此提取5个变量做因子分析比较合适。

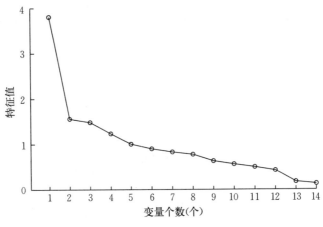

图8-2　因子分析碎石图

本研究运用主成分分析法做因子分析，一般来说，特征值大于1.0，得到正交转换后的因子载荷矩阵所有测量项目不存在交叉载荷现象，且因子载荷大于0.4，表明该量表具有良好的内部结构（陈晓萍等，2008）。潜变量的效度分析如表8-2所示，问卷中所有测量项目的因子载荷均大于0.4，且5个因子的累积方差解释率达64.88%，说明该问卷构念效度较高，具有较好的内部结构效度。

表8-2　潜变量的效度分析

潜变量	测量变量	因子载荷系数
信息涉入	对食品安全的关心程度（Q1）	0.754
	与自己的相关性（Q2）	0.553
	对食品广告的关注（Q3）	0.551
	购买经历（Q4）	0.599
感知风险	对食品安全状况的信任程度（Q5）	0.932
	购买时是否考虑食品安全问题（Q6）	0.882
食品安全知识	食品安全常识知识掌握程度（Q7）	0.720
	食品安全法律、标准、认证类知识掌握程度（Q8）	0.721
	食品监管及检验类知识掌握程度（Q9）	0.571

（续）

潜变量	测量变量	因子载荷系数
信息搜寻成本	信息搜寻的时间成本（Q10）	0.913
	信息搜寻的物质成本（Q11）	0.502
	因搜寻带来的身体或心理不适（Q12）	0.905
信息搜寻行为	主动搜寻食品安全信息（Q13）	0.466
	被动接受后主动搜寻确认（Q14）	0.865

3. 假设检验

（1）研究模型的检验

本研究应用结构方程模型来研究不可直接观测变量（潜变量）与可观测变量之间的关系以及潜变量间的关系，对理论模型进行验证。应用 lisrel 软件进行分析，确定模型的拟合程度。研究模型的拟合度分析如表8-3所示。

表8-3　研究模型的拟合度分析

项目	绝对适配指标				增量适配指标		
测量模型	χ^2/df	RMSEA	GFI	AGFI	NFI	IFI	CFI
标准	2~5最佳	<0.1	>0.85	>0.85	>0.85	>0.85	>0.85
估计值	2.396	0.095	0.86	0.78	0.81	0.88	0.87

如表8-3所示，虽然 AGFI 和 NFI 的估计值没有达到理想标准，但 GFI、IFI、CFI 均大于0.85，所以，研究模型是适合于分析的模型。

（2）研究假设的检验

应用 lisrel 软件，通过极大似然法对理论模型中的参数进行估计，完全标准化后的参数估计结果如图8-3所示。

假设及检验结果见表8-4。

表8-4　假设及检验结果

假设	标准化路径系数	P值	检验结果
H1：信息涉入与信息搜寻努力存在正相关关系	0.36	0	通过
H2：感知风险与信息搜寻努力存在正相关关系	0.23	0	通过
H3：食品安全知识与信息搜寻努力存在正相关关系	0.40	0	通过
H4：搜寻成本与信息搜寻努力存在负相关关系	−0.05	0	通过

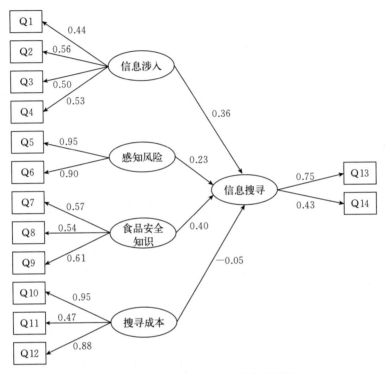

图 8-3　完全标准化后的参数估计结果

由表 8-4 可知,所有理论假设都被调查问卷得到的数据证实,即信息涉入对食品安全信息搜寻努力有着正向的直接影响效果;感知风险对食品安全信息搜寻努力有正向的直接影响效果;食品安全知识的掌握程度直接正向影响消费者的信息搜寻努力;搜寻成本对食品安全信息搜寻努力有负向的直接影响效果。这里要说明的是,虽然搜寻成本与消费者食品安全信息搜寻努力呈负相关,但 −0.05 的路径系数显示相关程度不是那么显著。这可能是由两个原因造成的,一是消费者对时间的态度,二是消费者对风险的态度。一方面,对于消费者来说,信息搜寻成本主要表现为时间成本,不同收入类型的消费者对时间的态度是不同的,高收入者的时间价值相对较高,而低收入者的时间价值相对较低。从收入水平衡量,本研究的调查对象均属于中低收入者,因此不在乎多花些时间去搜寻信息。另一方面,部分被调查消费者属风险中性类型,对食品安全风险持默许态度,本着"眼不见为净"的心态去消费,甚至认为搜寻相关信息也是徒劳,所以对信息搜寻成本不敏感。这一点与孙曙迎和徐青的研究结论相似，他们在对消费者网上信息搜寻努力进行研究时，同样发现时间压力与消费者信息搜寻努力无关。

三、结论与政策建议

基于上文的实证分析可以认定，消费者对食品安全风险的感知程度越高、对食品安全知识的掌握程度越好、信息涉入程度越高，越会去搜寻食品安全信息。尽管信息搜寻成本对信息搜寻努力的影响程度不显著，但降低消费者食品安全信息搜寻成本依然是政府和企业的责任。根据研究结论，本书提出以下政策建议：

1. 强化消费者食品安全知识教育

2014 年零点调查的数据显示，知晓《中华人民共和国食品安全法》的居民占调查对象的 62.8%，了解其他食品安全相关法律法规、政策文件、规范标准等的居民不足三成；20.4% 的居民认为我国负责食品安全监管工作的政府机构是质检总局（实际应为食品药品监督管理总局），仅有 10.4% 的居民知道负责制定并公布食品安全标准、组织开展食品安全风险监测、评估等工作的是政府机构国家卫生和计划生育委员会；对于 2012 年 1 月就已经开通的全国食品药品监督管理部门投诉举报电话"12331"，仅有 10.1% 人表示听说过，而 43.6% 的公众甚至根本就不知道该电话的存在[①]。此项调查说明我国消费者对食品安全知识掌握情况较差。只有信息流动通畅且分布均匀，消费者才能够增强自我保护能力，继而发挥"用脚投票"的声誉机制作用。如前文研究，食品安全知识的掌握程度与消费者的信息搜寻努力呈正相关，普及食品安全知识对于提升消费者食品安全相关信息的搜寻效率及增强自我保护能力具有重要作用。政府有义务将食品安全知识普及作为一项公共服务来开展，如此不仅有利于减少不良食品对消费者身心的损害，同时也是引导消费者参与食品安全监管、提高食品安全监管效率、降低执法成本的有效途径。对于食品安全知识的普及，政府可以做以下几方面工作：一是在国民教育体系中，适当普及食品安全常识。在美国、日本等发达国家，食品安全教育已经成为其学校教育中重要的内容。二是建立权威的食品安全知识普及机构，这个机构应是一个社会

---

① 八成公众对我国食品安全现状不满 [EB/OL]. 和讯网，2014 - 08 - 01.

组织，向政府和消费者提供相关的食品安全信息与常识，如日本在 20 世纪 70 年代设立了"国民生活中心"，向政府和消费者提供与国民生活有关的信息和调查结论。三是扩大食品安全宣传周的影响力，使其由政府主导的形式转变为消费者参与主导的形式。四是以政府购买公共服务的方式，通过开通电视的食品安全专用频道、广播中的食品安全专有频道、公交地铁的公益广告牌、公益手机短信或微信等形式普及食品安全知识。

2. 规范食品安全信息的发布渠道

现代社会是信息爆炸的社会，消费者始终处于一种信息过度供给的信息疲劳之中。因此，消费者在接收信息时具有强烈的路径依赖特点，人们总是习惯于以自己最常用、最习惯的接收模式来收集信息。因此，信息发布就存在一个是否满足有效传播的重要问题。消费者对信息的关注是有选择性的，遵从注意力经济学的逻辑，信息被关注、被接受的程度与信息的流通渠道密切相关。Wade 和 Conley（2000）研究指出，食品市场存在某种程度的信息过度供给现象，消费者接收到一些冲突信息后容易产生困惑与不信任感，因此解决食品市场失灵不仅要从数量上提高安全信息的可获得性，而且要设法减轻信息供给的偏差程度。

现代职业活动的集约化和分工程度大大增加，人们更多地局限于自己的职业范围内，在信息过度供给以及切身利益没有受到损害之时，消费者无暇去花费大量精力专门搜寻食品安全类信息。此时，自己熟知的、本职业或本专业的信息渠道，或者是大众型、常识型的信息载体总是更受青睐。食品安全信息的供给不能期望打破消费者已经习惯的获取信息的方式，而应努力在消费者最常接触的媒体中加入食品安全信息的内容，使得信息传播模式能够符合消费者的认知规律。为此，一是要增加信息的可得性，如在访问量巨大的几大门户网站、地方的晚报时报显著位置定期公布食品质量检测结果，也可以参照欧美做法，将检查结果直接张贴在经营场所外，使消费者进店前就获悉食品安全情况。二是建立监管机构与媒体之间的沟通机制，授权专门的媒体提供不同类型的食品安全信息；同时加强对媒体的管理，不得炒作信息、制造恐慌以谋取利益。

3. 加强食品安全风险交流

由实证检验结果可知，食品安全感知风险与消费者食品安全信息搜寻努力呈正相关关系，即消费者越感到食品安全状况差，越去努力搜寻有关食品安全方面的信息。在我国，由于风险交流不畅，一方面是政府发布的食品显示安全整体状况良好，食品安全监测合格率超过 90％[①]；另一方面，消费者对食品安全状况的满意度却不容乐观，零点调查在上海、广州、北京等城市的调查数据显示，77.8％的公众对我国当前的食品安全现状持负面评价，其中 17.8％的公众认为中国的食品安全状况"非常差"。这种巨大的认知鸿沟，来源于风险交流不畅，空穴来风的新闻报道、亲戚朋友的小道消息使得很多风险规避型消费者处于食品安全恐慌之中，他们要么用自己尚不知科学与否的土方法来处理认为不安全的食品，来换取内心的自我安慰；要么干脆直接拒绝购买，彻底切断风险源。发达国家的食品安全问题治理实践告诉我们"透明产生信任"，主要将风险曝光于大庭广众之下，风险也就不能称之为风险了。作为政府，可以做以下两方面工作：一方面是建立风险发布机制。可考虑在地区范围内以自然月为单位发布食品安全指数，同时对重点消费食品建立消费红绿灯制度，危害较高的食品亮红灯，有潜在不安全因素的食品亮黄灯，不存在危害或危害可控的食品亮绿灯，保障消费者的知情权。另一方面是加强风险交流。以日本为例，日本政府要求收集到的食品安全信息要在研究单位、政府机构、农产品生产与食品加工企业及消费者之间进行有效交流，以便增加透明度，促进食品安全。为此应建立通畅的风险信息传输体系，在保证信息准确性的前提下，及时将食品安全风险信息向社会共享，最大限度地控制危害发生，并及时采取相关应对措施。

---

① 　质检总局. 中国食品安全检测合格率超过 90％ [EB/OL]. 新华网，2011-11-13.

第九章 供应链食品安全问题的社会共治

近年来，食品安全问题越来越受到公众和政府的关注。当今食品安全问题的复杂程度已经远非传统的监管结构和理念所能应对。除了农药残留、微生物危害、食品添加剂、化学污染等风险外，科学技术的进步使得食品安全风险更加隐蔽；同时食品的流通带来了食品安全问题的跨区域性，给以国别或属地为基础的监管带来了困难。尽管我国已经在食品安全监管中投入了大量资源，但食品安全问题依然不断出现，消费者对食品安全的信心始终不高。食品安全问题已经进入治理时代，必须从传统的食品安全监管转向现代的食品安全治理。

一、传统食品安全监管模式面临的挑战

面对不断出现的食品安全事件，食品安全监管一直在重复着媒体曝光、违规处理、专项整治的事后管理模式。食品安全问题的高度复杂性、资源约束、执法成本高居不下、舆论压力越来越大使得传统的监管模式面临很大的现实挑战。

从监管客体看，监管机构面临着数量巨大的监管客体，执法负荷沉重。食品供应链是由包括农产品原材料供应、农产品种植或养殖、农产品加工，以及食品生产、分销、零售及餐饮等多个环节构成的复杂系统，链条很长，任何一个环节出现安全问题都会带来整个供应链的食品安全隐患。在农产品生产源头，我国有2亿多以家庭为单位分散经营的农户；在食品生产加工环节，全国仅获得生产许可证的食品企业就达17万家以上，这还不包括几十万家食品生产加工小作坊；在餐饮环节，大量中小餐饮企业并存，仅北京就有6万家以上拿到餐饮服务许可证的单位，不包括小的食品摊贩。面对数量如此庞大的监管客体，监管机构承受着沉重的执法负

荷，加重了监管的困难。

从监管者角度看，公共执法资源的稀缺制约了食品安全监管绩效。在人员方面，从事行政审批人员的比例过高，专业技术人员比例偏少。食品安全执法是一项技术性强的工作，执法人员既要懂得食品相关专业知识，又要熟悉法律法规及大量食品安全标准。人员的制约使得食品安全监管经常以抽检和巡查的形式出现，但抽检的最大问题在于监管覆盖面不足，容易造成风险遗漏。从技术方面看，检查装备差、技术水平低是监管机构尤其是基层监管机构面临的普遍问题。食品的"信任品"特征加之食品技术的快速发展，使得食品安全监管必须借助现代化的检验检测设备和技术才能完成。装备和技术约束在一定程度上造成了当前食品安全检验检测中"检不出和检得慢"的问题，使问题食品逃过惩罚进入市场。从监管内容看，当前的食品安全监管更加侧重于食品加工和餐饮环节，对农产品生产和食品流通环节的监管相对较弱，使得农药残留一直成为公众担心的食品安全隐患。

由此可见，面对执法负荷和公共资源稀缺，以政府为主体的食品安全监管面临着很大挑战。以抽检、巡查、专项整治为代表的"机会型惩罚"给不良食品生产经营者提供了规避监管的空间，使得问题食品流入市场，造成食品安全隐患并危害社会。从监管走向治理，建设现代化的食品安全治理体系，提升食品安全治理能力已经势在必行。

二、从食品安全监管向食品安全治理的转变

面对日益复杂的食品安全问题，我国的食品安全需要从传统监管到现代治理的观念转变和制度创新。全球治理委员会将治理定义为："各种公共的或私人的个人和机构管理其共同事务的诸多方式的总和。"并强调治理的基础不是控制而是协调；治理不是一种正式制度而是持续互动；治理既涉及公共部门，也可能涉及私人部门。基于上述定义和特征，本书将食品安全治理定义为针对食品安全问题的多中心、多主体、多机制、多途径应对和解决方式。

1. 从"单一主体监管"走向"多元主体治理"

传统的食品安全监管主要是以政府为单一监管主体，监管一般是单向的、自上而下的。当前，我国的食品安全监管主要是依靠政府体系，先设立食品安全目标责任，然后通过多层次、自上而下的压力传递，使得国家

食品安全目标从中央政府逐级传递到各级地方人民政府，并由各级地方政府完成目标。《中华人民共和国食品安全法》明确规定："县级以上地方人民政府对本行政区域的食品安全监督管理工作负责，实行食品安全监督管理责任制，上级人民政府负责对下一级人民政府的食品安全监督管理工作进行评议和考核。"这种自上而下的单向监管在监管目标明确、监管对象数量少、可方便并准确测量的情况下十分有效。然而，面对数量庞大的食品安全监管客体及日益复杂的食品安全风险，执法资源的约束使得监管者越发感觉力不从心；在信息不对称情况下，上级政府对下级政府的考核威慑力也会受到限制；有时甚至会出现地方政府由于政策性负担隐瞒事实真相或庇护问题企业的问题。

治理区别于传统监管的根本不同在于强调主体的多元性。在治理理念下，政府固然是食品安全监管的主体，但消费者和社会组织也可以成为监管的主体。食品安全治理是一个上下互动的管理过程。在治理中，政府一方面应完善"自上而下"的监管，同时正视资源和管理能力的有限性，广泛吸收社会力量参与食品安全治理，形成"自下而上"的力量。这种"自下而上"的力量包括消费者、非政府组织、媒体等。"自下而上"的力量不仅有利于拓展政府监管的边界和深度，威慑食品生产经营者的行为；同时，也会形成一种社会压力，促使政府不断完善食品安全监管体系。

2. 从"单一途径监管"走向"多元机制治理"

传统的食品安全监管强调"监管为中心"，监管者通过制定并执行有关食品安全的法律法规，以强制手段保证监管对象遵规守法，同时对违法违规行为进行惩治。从监管工具角度看，主要包括市场准入监管、食品质量抽检、惩罚激励制度、巡查和专项治理活动、信息公开制度、有奖举报制度等。在传统的监管模式下，食品安全可以明确划分为监管者（政府）和被监管者（食品生产经营者）两方面。为提升监管绩效，主要是以政府为核心提升食品安全治理能力，既包括提升政府及其相关机构和人员的素质及能力，也包括完善食品安全监管中所需要的资源和条件。然而，这种政府垄断的监管模式使得监管者仅仅着眼于自身进行制度设计和完善，事实上依然无法克服执法资源不足的瓶颈。例如，在食品安全监管机构改革中，很多地区将原来的工商、质监、卫生等部门的食品安全监管职能整合到食品药品监管部门，从表面上看执法人员是增加了，但实际上依然没有改变专业技术人员短缺和执法装备条件差的现状。

在食品安全治理框架下，由政府、市场和社会公众联合共同完成对食品安全的治理。这就要求政府跳出"全能政府"的监管思路，重视社会力量和市场机制的积极作用。一是发挥市场机制的作用。十八届三中全会提出全面深化改革的目标是让市场在资源配置中发挥决定性作用。在食品安全治理中，市场可以也应该发挥更大作用。食品生产经营者可以通过品牌信誉、质量担保、主动建设可追溯体系等方式向消费者传递食品质量安全的信号，从而实现与低质量食品企业的分离，通过优胜劣汰的市场机制让更多的企业提供安全、高质量的食品。二是发挥法律法规的引导作用。法律法规引导的重要性在于可以引入更多类型的利益相关主体参与治理，如消费者组织。三是发挥声誉机制的作用。声誉机制是食品安全"社会共治"的重要切入点，既是对食品生产经营者的威慑，也是解决食品安全治理长效性和成本效率问题的重要途径。此外，食品安全的多元机制治理仍需要发挥政府监管的核心作用，这里一方面是因为食品本身的"信任品"属性，另一方面也是基于公共性的要求。例如政府要通过监管纠正食品生产经营者不规范的市场行为，政府的信息公开是消费者声誉机制发生作用的前提。

三、公众参与供应链食品安全治理的机制

公众一般很难获取准确的食品质量安全信息，只能通过消费食品后是否重复购买的行为选择来对食品企业造成影响，就是通常我们所说的声誉机制。声誉机制为何会对企业的生产行为产生重要影响？这可以先从电子商务说起。实体市场中出售的商品或食品都是经过质量检测的，而电子商务模式的虚拟市场产品质量如何保障呢？在 2015 年《中华人民共和国食品安全法》修订以前，我国并没有相关政策针对电子商务中出售的食品质量进行管理，但通过互联网渠道销售食品的数量依然快速增长，这也包括生鲜电商的快速发展。声誉机制在电子商务食品质量安全中发挥了重要作用，消费者可以通过发表评论来评价其所购买食品的质量，而且这些评论是完全公开的，任何消费者只要上网即可获取，对于后续购买者来说，商品质量评论往往成为他们购买的重要依据。商品评论同时也成为约束食品经营者出售安全食品的重要方式，因为一次欺骗带来的负面评论可能会带来未来大量交易的失去。

如前文所述，消费者很难观察到食品生产者的生产过程，因此很难对食品安全与否做出明确判断，即使获得这些信息，消费者也需要付出巨大的成本。消费者只能通过其他方式获取信息，信息透明环境下的声誉传播是重要的信息来源，为消费者购买决策提供重要的信息。现代通信工具的不断涌现，为信息的快速传播提供了良好的基础，各种信息在传播速度、传播范围等方面远远优于过去，这为声誉机制在食品安全治理中发挥重要作用提供了技术基础。声誉实质上是一种公共舆论，具有很强的信号功能和说服能力，如果存在信息准确的声誉机制，消费者更倾向于将它作为解决信息不完备和不对称的工具。声誉机制事实上是弱者的武器，当消费者维权成本较高时，启动"用脚投票"的声誉机制往往是成本最低也最有效的维权方式，因为它带来的可能是对不良企业生存的威胁，企业将失去未来潜在的无数次交易及长期的收益。在一个良性的商业环境中，单是消费者用脚投票，就已经足够使那些犯错企业变得门可罗雀、倒闭破产。如果能够充分调动消费者的积极性，向违法企业发动一场食品安全的"人民战争"，使它们陷入维权消费者的汪洋大海之中，则很多问题都可迎刃而解。三聚氰胺事件使国内各大乳企蒙受巨大损失，最严重的莫过于曾经是乳品行业"巨头"的三鹿集团，三聚氰胺风潮之后，三鹿品牌变成负资产。

声誉机制发挥威慑作用的基础是信息的有效流动。"信息的广泛传播能够普遍降低社会对违法者的评价，从而使该违法者在与他人交易时有障碍，由此使该违法者主动做出合法的行为选择，从而也可以缓解公共机构的执法压力。这种公示的价值在一个分工与交易发达的市场体制社会中尤其重要，其对法律实施的促进作用在很多情形下是单纯的罚款工具所无法比拟的"[1]。正是由于声誉机制创设的威慑充分波及企业的多阶段收益，深入地作用于企业利益结构的核心部分，企业才有可能被有效阻吓，放弃潜在的不法行为。然而当前，我国消费者对此类信息的掌握程度不容乐观。零点调查的数据表明，公众对《中华人民共和国食品安全法》的知晓比重相对较高，达到62.8%，而对其他食品安全相关的法律法规、政策文件、规范标准等知晓度均较低，不足三成。而当问及中国食品安全监管体系时，20.4%的公众认为中国食品安全监管工作是由国家市场监督管理

---

① 应飞虎，涂永前. 公共规制中的信息工具 [J]. 中国社会科学，2010 (4)：116-131.

总局统一管理，而仅有 10.4％的受访者能回答出负责制定并公布食品安全标准，组织开展食品安全风险监测、评估等工作的是国家卫生和计划生育委员会。至于 2012 年 1 月开通的全国食品药品监督管理部门投诉举报电话"12331"，仅 10.1％的公众表示听说过，43.6％的公众不知道该电话的存在。在中国存在食品质量信息定期发布制度的前提下，根据中央电视台的调查，仍然有高达 86.7％的被调查者认为解决食品安全问题应当"加大对违法企业曝光力度"，超过选择"重典治乱，加强相关法规力度"和"加强生产者教育和自律"的被调查者比例（82.1％）将近 5 个百分点，超过选择"相关部门加强监管"的比例（67.9％）则高达近 18 个百分点，可见绝大部分消费者认为自己尚处于"不知情"的境地。由于现代食品生产—流通—消费中的信息鸿沟，消费者很难自发形成强有力的声誉机制。政府应当借助监管机构在食品安全信息生产、传播、处理上的相对技术优势，为消费者的"用脚投票"提供信息基础，以此建立制度化的、足够稳定的声誉威慑。此外，国家应该承担起教育消费者的责任。这在国外早有先例，比如日本也曾经屡现食品安全事件，但 20 世纪 70 年代初，日本政府设立了"国民生活中心"，向政府和消费者提供与国民生活有关的信息和调查结论，而且从中小学里开始，日本就开设了大量的与食品安全相关的课程，从小培养民众的消费者权益意识。在美国，食品安全教育也是学校教育必不可少的内容。

消费者"用脚投票"声誉机制是声誉机制发挥作用的一个方面。另外，政府应结合消费者的声誉机制给予不法经营者以最严重的惩罚。还是以三聚氰胺事件为例，尽管三鹿倒了，但其他使用过三聚氰胺的乳企却在短暂的利润损失之后恢复了元气。消费者其实很无奈，在乳业几乎集体沦陷的时候，人们其实没有更多选择。政府应有壮士断腕的勇气，对不法经营的食品企业给予最严厉的惩罚，惩罚力度要远远大于其违法所得，在消费者威慑的同时加上政府威慑。

四、食品安全的协同治理模式：一个理论框架

由前文分析可以看出，食品安全治理的核心就是治理主体多元性和治理机制多元性。但多元主体之间、多种机制之间并不是独立发挥作用，它们是互为条件、互为促进的，只有通过协同才能实现整个食品安全治理体系的有效性。在食品安全治理中，政府、企业和消费者是最主要的行动

者，三者之间的信息互动、行为约束互动、激励与惩罚互动对提升食品安全治理绩效具有重要意义。由此，本文构建了基于信息互动、行为约束互动、激励与惩罚互动的食品安全协同治理理论框架（图9-1）。

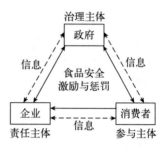

图9-1　食品安全协同治理
模式理论框架

1. 信息互动

信息是食品安全治理的基础。食品安全问题产生的根本原因在于食品质量信息的不对称。信息不对称体现为食品供应链不同环节之间的信息不对称、食品生产经营者与消费者之间的信息不对称、食品生产经营者与监管者之间的信息不对称。食品安全治理中的信息互动包括政府与食品生产经营者之间的信息互动、食品生产经营者与消费者之间的信息互动、政府与消费者之间的信息互动三方面。

（1）政府与食品生产经营者的信息互动

监管机构通过立法手段直接规定食品企业在生产和交易环节需要揭示哪些信息。规范食品生产经营者的信息行为，可以为监管部门、第三方机构和社会力量提供监管的法律依据和治理平台。如转基因食品的强制性或自愿性标识制度，《中华人民共和国食品安全法》中规定保健食品标签要写明成分、含量等。食品生产经营者则应按照法律法规要求向监管机构报告自查信息，建立食品安全追溯体系。

（2）食品生产经营者与消费者之间的信息互动

一是食品生产经营者向消费者传递信息。一方面，由于食品市场中存在逆向选择，生产高质量食品的经营者可以通过信号传递向消费者展示其产品质量，这些信号包括价格、广告、企业声誉及品牌、质量担保等；另一方面，部分食品生产经营者在发现问题食品时，会主动向消费者发布食品召回信息。二是消费者向食品生产经营者传递信息。比如消费者在网购食品时，可以通过互联网直接向销售者反馈食品质量信息，而这些消费评价又会成为潜在消费者购买的重要参考，倒逼食品生产经营者保障其所售食品的质量安全。

（3）政府与消费者之间的信息互动

一方面，政府应主动、及时、准确地公开食品安全信息。食品安全风险具有社会建构性,即食品安全风险具有"社会放大效应"。食品安全风险信息在传递过程中的信息量增大、内容失真、危害性夸大,使得远离风险源的消费者获得了层层建构的信息,这种扭曲的信息会导致消费者采取不正确的风险处理方式,甚至容易造成不良的社会经济影响。因此,如果官方或权威机构不能对某一食品安全事件做出快速反应,谣言就会在互联网、社会关系网络中迅速传播,引发公众的各种猜想,严重时可能造成社会恐慌或对整个行业产生恶劣影响。另一方面,如果消费者发现问题食品,可以向监管机构进行举报。

2. 行为约束互动

在治理理念下,食品安全不再只是政府的责任,而是包括食品生产经营者、公众在内的全社会的责任。在食品安全的协同治理中,政府为治理主体、企业为责任主体、公众为参与主体。

(1) 政府为治理主体

食品安全是重要的公共产品,在公共产品供给方面,政府既具有当仁不让的责任,也具有特定的优势。从经济学角度看,公共产品如果完全交由市场很容易引起市场失灵,造成供给不足。与市场相比,政府在公共产品供给方面具有效率优势,因此,政府理应成为食品安全中起主导作用的治理主体,但不是唯一主体。从拥有资源角度看,政府治理具有法律所赋予的权威地位,拥有强大的资源、财力和组织体系作为支撑,是公共利益的代表,拥有最高信用和影响力。在食品安全协同治理中,应发挥核心作用。

(2) 企业为责任主体

由于食品的信任品属性,"理性小农"及食品生产经营者在利润驱动下都有从事机会主义行为的动机。如今,食品行业已经成为良心行业或道德行业,从我国不断出现的食品安全问题来看,人为造假现象比较严重,很多食品企业只是消极被动遵守法律法规或应对检查。无论是从维护人类的生存权和健康权角度,还是从法律法规和伦理角度,生产安全的食品是食品生产经营者最基本和最重要的社会责任。为此,应严格落实企业的主体责任,通过政策工具激励约束企业行为,使食品企业树立社会责任感;通过创造良好的市场环境,使信用好的食品生产经营者获得更高的有形收益和无形收益。

(3) 公众为参与主体

公众参与是政府与公众互动决策进行食品安全治理的过程。这里的公众以消费者为主体，也包括社会组织、媒体等。从参与权角度看，由于消费者是食品的最终食用者，所以只有公众才能真正决定其所能容忍的风险程度，公众参与治理是一种对消费者弱势地位的公平矫正。从发挥作用角度看，公众参与治理是独立于市场机制和政府监管之间的第三方力量，三者协同可以克服食品安全监管中的政府失灵和市场失灵，实现食品安全的善治。为此，应唤醒公众的参与意识和责任意识，拓展公众的参与渠道，保障公众参与的有序性和有效性，使公众真正能够在食品安全治理中发挥重要作用。

3. 激励与惩罚互动

如前文所述，尽管企业为食品安全责任主体，但由于食品质量信息不对称，利益驱动仍会使企业存有机会主义行为动机，对食品生产经营者的行为进行激励与惩罚约束也就成为必然。在食品安全协同治理中，激励与惩罚应包括四个方面内容：一是政府对食品生产经营者的激励与惩罚；二是消费者对食品生产经营者的激励与惩罚；三是政府对消费者维权和参与治理的激励；四是公众和企业对政府的监督。

（1）政府对食品生产经营者的激励与惩罚

在国家层面，我国已经提出"最严谨的标准、最严格的监管、最严厉的处罚、最严肃的问责"以确保人民群众"舌尖上的安全"。《中华人民共和国食品安全法》对食品生产经营者违法违规行为的处罚严厉，如引入了惩罚性赔偿制度。对于监管者来说，应充分综合利用法律、行政和信息工具。一是继续"重典治乱"，不断提高食品生产经营者违法违规成本；二是要注重信息工具的作用，因为它是公众声誉机制发挥作用和参与食品安全治理的重要前提；三是设计守法守信激励机制，在政策设计中给予守信者更好的保护和支持。

（2）消费者对食品生产经营者的激励与惩罚

消费者对食品生产经营者的激励与惩罚是通过声誉机制来实现的。声誉事实上是一种公共舆论，具有很强的信号功能，在很多情况下消费者都倾向于将声誉机制作为缓解信息不对称的工具。声誉机制虽为"弱者的武器"，却对食品生产经营者具有很强的威慑力，从惩罚效果上看，实际上是比传统的罚款更为严厉的惩罚。在信息大范围高速流通的时代，一旦食品生产经营者招致负面声誉，会引来大部分现有和潜在消费者的"用脚投票"，取消未来交易，从而给违法违规者带来巨大的损失。

（3）政府对消费者维权和参与治理的激励

食品安全协同治理的最重要特征就是公众参与。实践表明，消费者的投诉与举报是发现食品安全问题的重要渠道，甚至比抽检或巡查中所获得的信息还要多。食品安全治理既需要政府"有形的手""市场无形的手"，还需要公众的"无数双眼"。为此，政府应设计相应的激励机制以激发消费者参与食品安全治理的积极性。很多国家在治理食品安全问题时都以法律法规的形式设立了举报奖励制度及"吹哨人"制度，《中华人民共和国食品安全法》也明确规定："对查证属实的举报，给予举报人奖励"。在具体执行时，应从公众角度充分考虑参与治理的成本和收益，注重激励机制的有效性和可操作性，尤其对内部"吹哨人"的保护和奖励应设计出具体的、可操作的条款，有效提升社会监督和公众参与治理的积极性和广泛性。

（4）公众和企业对政府监管的监督

在现代国家治理体系中，绝大部分行政权力是由人民以授权的形式委托行政机关行使的。行政权力的这种间接性、受托性，客观上使行政权力在某种条件下有可能背离委托者的本意。在食品安全监管中，监管者有选择性地公开信息、在政策压力下纵容不良食品生产经营者、被"利益集团"俘获对其进行庇护等情况时有发生。不仅不利于保护公众的合法权益，也不利于创造公平公开的市场环境，甚至会影响政府的公共信用。公众和企业对政府监管的监督既是对其规范监管行为的社会压力，使监管机构按照公众的意愿公正公开监管，也是促使监管机构提升监管能力的推动力。在彼此负责、相互监督之中，食品安全治理体系将发挥最大效用，保障社会食品安全。

频发的食品安全事件不断拷问着传统的食品安全监管，为了克服公共执法中的资源约束，有效化解食品安全风险，食品安全必须要由监管走向"多主体""多机制"的治理，这既是提升国家治理能力的需要，也是为了满足公众对食品安全的期待。政府、企业、消费者是食品安全最重要的利益相关主体，三者之间在信息、行为约束、激励与惩罚方面的协同和互动是食品安全治理体系的核心。使食品安全的协同治理从体系构建真正转化为聚合政府、企业、消费者的制度实践，关键是政府监管理念的转变。政府应在食品安全信息公开、食品安全相关决策过程透明化、产业政策激励等方面做出进一步努力，提高公众和企业参与食品安全治理的积极性和可行性，实现食品安全的社会协同共治。

第十章　食品供应链信息共享

　　食品安全目标的实现需要整个食品供应链的协同合作及全链条治理。农产品生产端，农户的主观原因及客观自然条件可能造成食品安全风险。农户过量或不规范地使用化肥、农药会造成农产品农药残留超标，水、土壤、大气污染也成为重要的食品安全隐患。在食品加工环节，食品加工的工艺、加工场所的卫生条件、加工添加剂的使用都会影响食品质量安全；企业的主观经济行为，如以次充好、非法使用工业原料或添加剂均会造成加工环节的食品安全问题。在物流环节，是否采用全链条冷链物流会影响食品的品质。在零售终端，零售场所的卫生条件、食品的保质期管理均会造成食品安全问题。为此，为了保证供应链食品质量安全，应对食品供应链全链条实施透明化管理。

　　供应链不是一个实体，而是一个虚拟组织，信息流、物流、工作流、资金流在供应链系统中流动（Lambert et al.，1998），信息是供应链中流动最频繁、结构最复杂、变化最快的一种流，是交易、决策分析、战略计划、管理控制的依据（王晶等，2007）。信息是关键的供应链驱动要素，供应链设施的选址及产能计划、库存、运输、采购、定价和收入管理都需要信息支持（Chopra et al.，2008）。食品安全具有公共产品属性及社会性，与其他供应链不同，食品供应链应以保障质量安全为第一目标，信息共享对于保障食品供应链质量安全具有重要作用。

一、食品供应链信息共享机制

　　Robinson 和 Malhotra（2005）提出了供应链质量管理的四个主题，即交流与合作活动、过程整合与管理、管理与领导战略、最佳实践，以上四个方面都要以信息共享为基础。质量信息不对称是食品生产者从事机会主义行为的内生激励。在食品供应链中，农户对农产品农药残留的信息掌握程度要好于加工企业和中间商；对于生产工艺和添加剂的使用等信息，加工企业要好于销售商；对于消费者对高质量食品的识别能力和支付意愿等信息，销售商显然要好于食品生产者和加工者。在这个过程中，食品供应链行为主体对不同类型信息的掌握程度有优劣之分，任何一方为了一己私利而隐匿食品安全信息，都会影响整个供应链食品安全目标的实现。信息共享机制是食品供应链协同管理的基础，有利于供应链成员间理解对方的决策与行为，减少投机性行为，信守质量合作愿景，建立长期合作导向，提高供应链的整体竞争力。

1. 食品供应链质量协同管理

食品供应链的信息共享要建立在食品供应链质量协同管理的框架之上，信息共享是对质量控制措施实施的保障。食品供应链是由不同的独立主体构成的网链结构，不同主体之间存在委托代理关系。要实现食品供应链质量安全，必须保证供应链成员目标的一致性，即愿意为保障食品安全而共同做出努力。为此，食品供应链质量控制的核心是不同主体之间的协同与合作。一是质量保证能力协同。解决食品安全问题需要食品供应链上所有成员的共同参与。食品供应链每一个成员的质量保证能力都将在很大程度上影响食品的质量。如果食品供应链中某一环节的质量保证能力较弱，将影响供应链整体的质量控制效果。食品供应链核心企业应对供应商、分销商、物流服务商等合作伙伴进行分类动态管理。对合作伙伴的质量保证能力进行动态评价，按照评价结果对合作伙伴进行分类，对质量保证能力不同的合作伙伴采取不同的质量控制策略。如果合作伙伴的质量管理能力较强，则可以减少控制环节；如果合作伙伴的质量管理能力一般，则应加强质量控制，并帮助其实现质量改进和提高质量管理水平。二是质量标准协同。标准化是质量管理的基础。为了实现食品供应链质量安全，供应链不同主体的质量管理标准的统一和协调十分必要，统一的标准有利于食品供应链不同主体之间在技术、质量和绩效评价的对接。食品供应链质量标准协同主要包括三方面内容：技术标准协同，即食品供应链不同主体的技术具有相互协调性和兼容性；质量管理标准协同，包括技术管理标准、生产组织标准、流通组织标准、业务管理标准等；绩效标准协同，绩效标准协同应立足于食品供应链整体质量绩效提升，促进供应链不同主体间的合作与协调。三是质量组织协同。食品供应链的质量组织协同要求以质量保障为核心，构建食品供应链核心企业与供应商和销售商的动态联盟。质量组织协同的本质是联合质量管理，食品供应链主体共同承担供应链食品安全责任。食品供应链的质量组织协同包括两方面内容：质量投入协同，即对供应链中的资源配置进行协同，包括对专用性资产的投入安排；质量控制协同，即由食品供应链核心企业对供应链质量控制权进行配置，明确控制目标、责任和协调机制。

食品供应链中的质量协同控制效果以及信息传递质量归根结底是由供应链主体的行为决定的。为了减少食品供应链核心企业在质量控制中的监督成本，保证质量控制行动的一致性，核心企业需要加强对供应商的管理。一是确定合作伙伴选择策略。核心企业可以根据供应商、分销商或物流服务商的质量管理水平、产品或服务质量水平等供应链质量管理要求选择合作伙伴。根据成员企业质量信息评价系统提供的信息调整合作伙伴。按照质量管理评价结果和合作伙伴的重要性程度，核心企业可以对食品供应链合作伙伴实施分类管理，将合作伙伴分为战略伙伴关系、紧密合作关系、一般关系、合同关系和买卖关系，对于不同的合作关系，核心企业应提出不同的质量保证要求。一般来说，供应链合作关系越紧密，对质量保证体系的相容性和互补性要求也就越高，以保证合作企业质量系统与核心企业质量系统深层次的融合。二是确定供应链成员质量评价策略。核心企业通过收集和统计食品供应链成员企业的质量问题与质量改进业绩，对供应链成员企业的质量控制和质量改进行为进行评价。根据成员企业的质量行为和质量业绩，对其采取激励或惩罚措施，如淘汰、提高或降低供应商级别。通过质量评价激励供应链成员提升质量控制绩效，保证供应链质量控制目标的实现。

2. 建立信息共享平台

食品供应链是一个复杂系统，食品供应链上的每一个环节的质量管理和控制都会直接影响到食品安全。由于食品供应链中各主体的质量理念、质量保证能力及质量标准不同，单个环节的质量努力往往达不到整体最优的效果。食品供应链的质量管理不能整条供应链平均用力，而应充分发挥核心企业的作用，构建围绕核心企业的食品供应链质量控制体系。在这个体系中，供应链核心企业负责协调其他主体的行为，促进供应链整体为保证食品质量进行合作和努力。为此，供应链核心企业应对不同主体的质量信息进行集成，创建信息共享平台，使供应链各节点在质量信息的掌握与利用上实现同步，实现供应链的集成化、无缝化质量控制，提高质量信息的可靠性和利用率。这个平台主要包括以下模块：一是信息资源管理。对农产品种植或养殖、食品加工、分销零售、物流过程等信息的收集、组织及分析，并将收集到的质量信息集成后及时反馈给供应链成员企业，特别是将需要进行产品或服务质量改进的信息传递给相关企业。二是对供应链主体信息行为的管理。对食品生产经营者应当记录及共享的信息内容进行规范，并对信息格式做出要求。三是信息技术。食品供应链质量信息的共享离不开现代信息技术的支撑。这些技术包括无线射频技术（RFID）、条码技术、物联网技术、移动互联网技术、大数据技术等。四是信息平台功能。这些功能主要包括食品供应链的全过程追踪功能、食品供应链的质量安全风险预警以及快速响应功能、食品供应链中质量信息收集和组织功能、食品供应链中有关质量信息的查询服务功能等。食品供应链质量信息共享平台如图 10-1 所示。

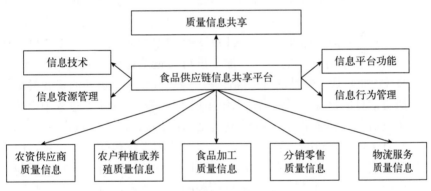

图 10-1　食品供应链质量信息共享平台

3. 建立信息沟通机制

沟通对食品供应链的质量协同管理的影响非常显著，在协同运作中有战略性作用，信息共享倾向于具体运作过程，而沟通更侧重于组织及人员之间的关系上。沟通不良是导致组织冲突的最主要原因（Thomas et al.，1976），因此合作双方必须进行有效沟通。对于食品供应链来说，沟通可以提升不同供应链主体之间的关系水平，降低交易成本和交易风险，促进信息共享，增进相互信任，有利于形成长期稳定的交易关系，共同加强质量控制。一是多渠道收集供应商意见，及时主动与供应商化解矛盾；与供应商分享企业生产经营和市场信息，就共同发展目标达成一致意见。通过有效沟通，获取供应商信任，建立长期稳定的供应链合作关系，共同致力于食品质量的提升。二是加强与供应商的互动，龙头企业要主动与供应商就食品质量改进的技术、流程、成本及利益风向等方面进行沟通。核心企业也可主动参与其核心供应商的质量改进过程，共同就质量改进的方向及方法进行沟通。三是建立沟通渠道，核心企业与供应商应建立固定的信息沟通渠道及冲突解决机制。

二、食品供应链质量追溯体系

食品安全已成为消费者日益关注的问题。过去几年的一些食品危机使消费者对食品安全的信任产生了很大的负面影响，特别是 2008 年的三聚氰胺事件。劣质食品不仅损害了消费者的身体健康，也阻碍了食品行业的发展。食品供应链是一个从农民到消费者、从农场到餐桌的漫长而复杂的过程。因此，对食品供应链的质量控制已经成为一项挑战，可追溯被认为是一种有效的质量监控工具，可以有效改善供应链中的食品质量（Kher et al.，2010）。国际标准化组织（1995）将食品可追溯定义为："可以通过记录的信息来对食品的生产、加工进行质量追踪的工具"。Wilson 和 Clarke（1998）认为食品的可追溯性是一种对食品从农场到消费者餐桌的生产历史信息的追踪。可追溯性系统不仅用于精确记录生产过程中产品质量的历史信息，还强化了供应链成员之间的协调水平（Dabbene et al.，2011）。Jansen - Vullers 等（2003）认为可追溯系统包括四个要素，即物理批次的完整性、过程数据收集、过程联动和产品识别、数据分析和报告。Duan 等（2017）确定了实施可追溯的六个要素，包括政府支持、消费者认可、沟通和管理、供应商及高级管理人员的支持、信息系统、标准体系及法规。Pappa 等（2018）认为感知成本和感知控制是影响食品供应链可追溯系统构建和运行的重要因素。对食品供应链各环节的质量信息进行及时而准确的追溯对于食品质量控制非常重要。建立食品供应链的可追溯体系可以提高食品供应链质量控制效率、提高食品企业的市场竞争力，同时也有助于增强消费者对食品企业和食品质量的信任。

食品供应链中存在一系列的转化过程，这一系列从农产品生产者到消费者的连续转化过程会存在很多质量安全风险因素。一是农产品生产区的环境将会对农产品质量产生重要影响，如大气、水、土壤质量会直接影响农产品质量安全。二是农产品的质量主要取决于农民在农业生产过程中的行为。农产品生产者是否按国家要求使用化肥和农药等农业投入品将会直接影响农产品的质量，特别是农药残留和化肥残留是衡量食品质量的重要指标。三是食品加工过程中存在很大的食品安全风险。食品加工活动中影响食品质量的主要因素包括食品生产加工设备的技术规格或卫生条件、食品添加剂的正确使用、食品加工过程中有害物质的控制。四是物流过程也会影响食品质量。食品物流过程中的温度变化、仓储和配送中的生物或化学污染等因素均会影响食品质量。特别是对于生鲜农产品来说，由于其易腐性和保鲜性，对物流过程的要求更高。五是零售环节存在食品安全风险，主要表现为部分零售商违规销售过期食品或食品渠道来源不明。食品供应链中任何环节的质量问题最终都会导致劣质食品的产生。为确保食品安全，必须消除食品供应链中的所有质量风险，要做到这一点必须实现食品供应链的信息共享和可视化。可追溯是食品质量控制的重要工具，可以实现整个食品供应链的质量追踪和监控。食品供应链质量可追溯系统的理论模型如图 10-2 所示。

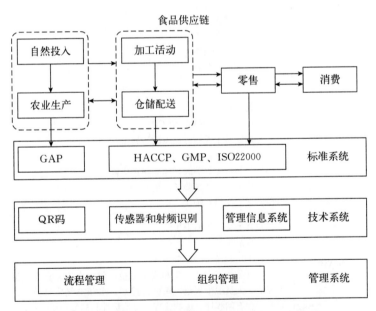

图 10-2　食品供应链质量可追溯系统的理论模型

1. 标准系统

标准系统包括一系列的管理概念和方法。它是可追溯系统中数据收集和阈值监控的基础。实践中的标准系统主要包括良好农业规范（GAP）、危害分析与关键控制点（HACCP）、良好生产规范（GMP）和 ISO 22000（食品安全管理系统）。GAP 可以定义为减少农业生产过程中微生物污染的做法，涉及对农产品种植、收获、包装、运输、存储等一系列规范操作标准。HACCP 是一种重要的质量控制工具，表示危害分析的临界控制点，对食品供应链中可能发生的污染风险进行识别和控制，可以防止食品受到化学或生物危害的污染。GMP 是指生产安全、适宜、质量一致的食品所必需的一般政策、做法、程序、过程和其他预防措施。ISO 22000 是由国际标准化组织开发的食品安全管理系统（Blank，2006）。ISO 22000 应用 HACCP 原理来进行食品安全管理系统的控制。可追溯标准的基本原则如表 10-1 所示。

表 10-1　可追溯标准的基本原则

序号	可追溯标准	基本原则
1	GAP	（1）水的质量 （2）种植场所 （3）有害物质使用 （4）产品储运 （5）无病虫害生产 （6）生产质量管理 （7）收割后的处理 （8）数据记录
2	HACCP	（1）进行危害分析 （2）确定关键控制点（CCP） （3）确定每个关键控制点的边界值 （4）监控关键控制点 （5）当超过临界值时，建立纠正措施 （6）建立 HACCP 验证体系 （7）建立文档系统
3	GMP	（1）食品生产场所卫生 （2）食品生产设备卫生 （3）工厂和设备的消毒和清洁程序 （4）食品加工中的卫生和安全规范，包括供应商资质、流程的卫生规范、人员卫生规范、病虫害控制、水和空气质量控制、劣质产品退工和召回程序、废物管理、可追溯性和标签系统、运输系统
4	ISO	（1）管理责任 （2）资源管理 （3）产品安全的规划与实现 （4）食品安全管理体系的许可、检验与改进

2. 技术系统

食品供应链追溯是一个复杂的系统，涉及食品供应链的所有阶段，包括生产、加工、储存、分销和零售等不同环节。可追溯的信息不仅适用于产品，还适用于移动和转换的过程。因此，可追溯系统需要适当的技术支持。可追溯系统的支持技术主要包括以下几个方面：

（1）传感器

传感器是一种检测设备，可以感知需要测量的信息，并将该信息转换为电信号或其他所需形式，以满足信息传输、处理、存储、显示、记录和控制的要求。传感器的一个重要应用是收集食品供应链中不同阶段的温度信息。

（2）QR 码

QR 码是一种矩阵二维码，可以存储比普通条码更多的数据。它具有安全加密、高密度编码、成本低、可靠性高和容错能力强等特点。特别是随着智能终端的发展，QR 码可用于跟踪食品供应链中的食品质量安全信息。

（3）射频识别（RFID）

RFID 是一种射频技术，用户可以通过无线电波自动识别物体。识别过程是通过将序列号等特定信息存储于安装在天线上的微芯片中来完成，然后将识别信息通过微芯片和天线发送给用户，用户可以将从 RFID 反射回来的无线电波转换成可以传输到公司信息系统的数字信息。

（4）管理信息系统（MIS）

MIS 主要用于管理信息资源，包括记录相关信息和处理记录数据。食品供应链可追溯管理信息系统包括安全生产管理、物流管理、信息查询系统等。

3. 管理系统

可追溯性系统的实施需要管理系统的支持。它是一种制度保障，包括以下几方面内容：

（1）责任和权力

任命负责可追溯系统的质量专员。

（2）运营管理

绘制食品供应链流程图，包括种子、饲料和配料等物质投入来源，并制订业务计划。

（3）绩效评估

测试可追溯系统的效果。

（4）持续改进

不断优化食品供应链质量追溯流程，通过培训提高员工能力。

可追溯系统是食品供应链的重要质量控制工具。可追溯系统有助于提高食品供应链的透明度，增加食品的附加值。本书建立了食品供应链可追溯系统模型，该模型由标准系统、技术系统和管理系统构成。标准系统主要包括一系列质量管理理念和标准，如 GAP、HACCP、GMP 和 ISO22000；技术系统是实现可追溯性的基础，由传感器技术、QR 码、RFID 和 MIS 组成；管理系统用于支持食品供应链可追溯系统的有效运行，它包含许多管理功能，如运营管理、组织和绩效评估等。食品行业从业者应将可追溯系统的建立视为保障食品安全的重要社会责任和获取市场竞争优势的途径。食品企业应加强与供应链成员在食品质量安全可追溯领域的合作。

三、HACCP 在食品供应链质量管理中的应用

HACCP 是重要的管理体系和标准，目前已经被广泛应用于食品质量安全控制之中。HACCP 是一种基于预防原则的食品安全管理逻辑控制系统。HACCP 不能独立存在并实施，它要嵌入到食品安全管理体系中才能发挥作用，需要一系列前提和基础条件的支持。这些前提条件主要包括技术要素和管理要素两大类：技术要素包括卫生条件、良好作业规范、卫生设施体系、害虫控制、预防性维护；管理要素包括软件质量保证、统计过程控制、冲突管理、危机事件、产品召回。基于 HACCP 的食品安全管理系统如图 10 - 3 所示。

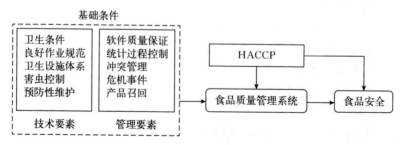

图 10 - 3　基于 HACCP 的食品安全管理系统

从广义上讲，HACCP 的应用可以分为以下三个阶段：①HACCP 计划和准备；②HACCP 原则的应用研究；③HACCP 的具体实施及持续维护。

1. HACCP 计划和准备

为了保证 HACCP 的实施效果、运用好 HACCP 原则，需要进行充分的计划和准备，HACCP 的计划和准备如图 10‐4 所示。

图 10‐4　HACCP 的计划和准备

（1）HACCP 认知和概念理解

在实施 HACCP 之前，从管理者到一般员工都应对实施 HACCP 的重要性达成共识，并能对 HACCP 理念有一定程度的理解。企业领导层能够承诺为 HACCP 的实施分配适当的资源。

（2）组建和培训 HACCP 小组

为更好地实施 HACCP，需要成立 HACCP 小组，专门负责 HACCP 的实施，HACCP 小组应由来自不同部门的人员组成，团队成员应该对食品生产的原材料、产品、工艺、技术及相关危害十分了解。同时，要对 HACCP 小组人员进行培训，培训内容可能包括项目规划和管理、危害分析和风险评估、关键限制验证技术、过程能力评估、数据管理和趋势分析、解决问题的能力、审计及一定的培训技能。

（3）差距分析

在具体实施 HACCP 之前，HACCP 管理小组需要收集相关质量控制信息，明确企业已经实施的质量管理原则及所拥有的相关资源，然后根据客户需求、自我改进目标及法律要求确定实施 HACCP 的愿景，并评估现有质量管理措施与 HACCP 目标之间的差距，最终形成规范性的文档和具有指导功能的操作规则，同时实现与前文所述基础条件的有效对接，HACCP 计划中的差距分析如图 10‐5 所示。

2. HACCP 原则的应用研究

HACCP 体现预防原则，而不是生产出食品以后进行质量检测，食品安全要素被融入 HACCP 计划的设计之中。HACCP 原则的应用包括以下几个步骤：①描述产品及其用途，并绘制食品生产工艺的流程图。不同的食品类型具有不同的生化属性及功能价值。应用 HACCP 之前应该首先明

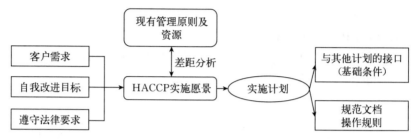

图 10-5　HACCP 计划中的差距分析

确食品的属性特点及功能，这是后续危害点分析及控制的基础。通过产品分析明确可能影响食品安全的内外部因素。在明晰产品特点及功能之后，应根据食品生产过程绘制食品生产工艺流程图及各阶段生产流程文档，流程图应能够反映该种食品生产过程的所有连续性步骤，在流程图及文档构建好之后应与实际生产过程进行对比并完善。②识别关键控制点。识别关键控制点的过程是危害分析的过程，HACCP 管理小组应根据食品属性确定可能的危害类型，包括生物危害、化学危害和物理危害，或者其他能危害食品安全的因素。在危害分析中要考虑危害发生的可能性及危害的严重程度，即要区分一般危害和显著危害。根据危害分析结果确定能控制化学、物理、生物等危害因素的关键点或步骤。关键控制点识别是整个 HACCP 体系中的关键和基础。③设定关键控制点的临界值，并确定对关键控制点的监控程序。这个过程需要通过实验过程及参考数据的使用来实现，需要明确可接受的安全限度，并建立监控程序以确保能够及时发现风险。④建立纠错程序。纠错程序必须能够及时纠正错误并及时处理过程失控中生产出的食品，设计关键控制点失控时应采取的控制措施。⑤验证设计的 HACCP 计划的有效性。这包括定期检查 CCP 监测记录、定期检测样品、审核 HACCP 计划、评估消费者投诉；同时要保留相关记录，包括 HACCP 计划文档、CCP 监测记录、CCP 检查人员的培训记录及验证记录；在完成 HACCP 计划设计工作之后应该形成一个集中的文档系统，以及在一个生产模块化系统中试验一整套较小的 HACCP 计划。

3. HACCP 的具体实施及持续维护

为了使 HACCP 能够在实践中发挥作用，真正实现其经济效益和社会效益，HACCP 的具体实施及持续维护必须成为企业运营的一部分。为保证 HACCP 的实施，企业需要配置相应的资源，制订相应的实施计划，构建一系列软硬件支持系统，并对实施结果进行评价及持续维护、改进。HACCP 的具体实施框架如图 10-6 所示。

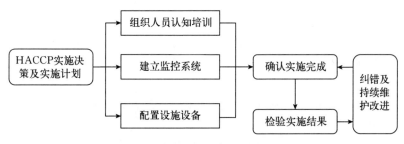

图 10-6　HACCP 的具体实施框架

在具体实施计划制订中，应注意以下几点：一是根据企业的资源能力将整个实施过程分解成若干关键任务，对每一个关键任务制订执行时间表。二是对组织中的所有人员进行 HACCP 认知培训，使组织成员理解执行 HACCP 对其工作环境及过程的影响，以便能够遵守 HACCP 执行中的必要前提条件及其在该计划中的责任，并做出承诺，如遵守良好的卫生习惯。三是建立监控系统对食品生产过程中的关键危害控制点进行监控，从而降低危害发生的可能性。四是为 HACCP 的实施配置相应的设施设备，包括污染物危害检验检测设备、消毒设备、实验器具、温度监测及控制设备等。五是确认 HACCP 实施完成并对实施结果进行评估，并根据评估结果对 HACCP 计划和实施过程进行纠错。六是持续维护及改进。由于存在不确定性，为保证 HACCP 的持续成功实施，需要对 HACCP 系统进行持续维护及改进。这个过程包括记录文档保存及记录更新、对文档的检查、数据分析和验证、及时了解新出现的风险、纠错和预防措施、持续培训要求、HACCP 计划的再验证及修改更新。

四、区块链技术在食品供应链信息共享中的应用

近年来，我国食品安全整体趋势稳定向好，但食品安全问题依然存在，消费者对食品安全的信心仍然不足。区块链技术可以在食品供应链质量控制及监管中发挥重要作用。

1. 区块链技术

区块链技术本质上是一个去中心化的数据库，是分布式存储、点对点传输、共识机制、加密算法等计算机技术的新型应用模式。区块链核心技术包括哈希计算、数字签名、P2P网络、分布式数据库、共识算法、智能合约。区块链技术具有以下特点：一是区块链技术是一种几乎不可能被更改的分布式数据库，既包括分布式存储，也包括分布式记录。二是区块链是基于"代码和算法的信任"，其遵从规矩到规制再到代码（智能契约）的逻辑，提供纯公开的算法解决方案。三是区块链的运行规则是公开透明的，所有的数据信息是公开的，因此所有节点均可见到每一笔交易信息，从而解决信息不对称问题，实现不同主体之间的协同行动。

2. 区块链技术在食品供应链信息共享中的应用

当前，由于缺乏有效的食品数据存储和追溯能力，造成及时准确的发现和控制食源性疾病的传播和蔓延仍然存在一定困难。区块链技术在实现食品供应链追踪及质量可追溯性、提升食品供应链透明度等方面可以发挥重要作用。

一是实现对食品供应链的全过程追踪。我国食品供应链的结构是造成食品安全风险的根本原因。食品供应链长且复杂，从农产品生产、食品加工、分销零售、物流配送一直到消费者手中，这一系列环节涉及大量供应链主体，流通过程跨越多个区域甚至是全球范围。如此庞大的系统给食品供应链追踪带来了很大困难。区块链技术可以利用其分布式记录的特点将食品在整个供应链过程中的相关信息记录下来。食品企业可以将与物联网相连接的标签贴到特定食品上，每一批食品都会被分配一个唯一的标识码。标识码可以用于连续记录食品原料来源、食品生产加工、运输存储温度、食品保质期、食品价格、食品交易等信息。在食品供应链的不同环节，供应链主体可以使用标识码将其所处环节的相关数据进行上链操作；同时也可以通过输入标识码获取食品及其历史记录的实时数据。借助"区块链＋供应链"实现食品从农场到餐桌的全过程数据记录及追踪。

二是更好地实现食品供应链质量可追溯。传统的可追溯性信息传递过程是由人来完成的，由于人的有限理性及可能的道德风险，无法完全保证供应链质量溯源过程中信息的真实性和完整性，难以对食品质量溯源信息进行防伪。区块链技术可以避免在食品供应链追溯中的伪信息问题。食品供应链中的所有数据一旦记录到区块链的分布式账本中将不能被改动，依靠数学算法和不对称加密来消除人为因素的影响。通过实施"区块链＋食品质量追溯"，食品企业可以快速追溯食品安全问题的源头，避免食品安全事件的发生。以沃尔玛在中国的猪肉追溯项目为例，区块链技术可以实现让沃尔玛的零售商在几分钟内就可以追踪到猪肉商品的数字化信息，包括猪肉养殖场、加工厂、批次、存储温度及运输过程等信息，通过这些连续信息可以判断商品是否真实及是否安全，并判断它的保质期。如果某个供应链环节发生食品污染事件，区块链技术能够让零售商了解哪些商品需要召回①。

---

① 潘鹏飞．沃尔玛：区块链让食品供应链更安全［EB/OL］．链一财经，2018 - 10 - 05.

第十一章 基于互联网信息平台的供应链食品安全风险治理

食品安全是社会公共安全的重要组成部分，食品安全问题治理是社会治理的重要内容。无论是政府还是消费者都比以往任何时候更加注重食品安全。虽然从政府的检查结果看，我国食品安全的整体水平正不断改善，但相关研究表明，公众对食品安全的满意度和信心却不断下降。从 2008 年的"三聚氰胺"事件到 2015 年的"僵尸肉"事件，在"重典治乱"之下食品安全事件仍然屡禁不止，极大地挫伤了消费者对食品安全的信心，让很多人"谈食色变"。传统的以监管为中心的制度设计在日益复杂的食品安全问题面前越来越显得力不从心。先由媒体曝光，再由监管机构进行专项惩罚、整治的事后监管成为一种普遍的食品安全监管模式。事后的惩罚和整治虽然可以平息问题事件，但很多情况下会造成无法弥补的损失和消极的社会影响。在资源约束和执法成本高居不下的情况下，多元协同治理已经成为解决复杂社会问题的重要方式，对于食品安全来说也是如此。如果说传统的制度设计和技术水平阻塞了非政府主体参与治理的渠道，互联网的发展则为食品安全风险的多元协同治理提供了技术平台。本部分将分析基于互联网信息平台的供应链食品安全风险治理问题，发挥互联网在风险治理中的积极作用。

一、基于互联网食品安全风险治理的合理性基础

互联网作为现代信息技术的集大成者，在信息传播尤其是互动方面有着其他传播工具无法比拟的优势，互联网的发展已经颠覆了传统的经济关系、政治关系和社会关系的形成与联结方式，使得社会中的信息资源在更广的范围内得以重新配置。当前，互联网尤其是移动互联网已经成为人们工作生活中不可或缺的工具。截至 2018 年 12 月，我国网民规模已经达到

8.29亿，互联网普及率达到59.6％，相比2017年底提升了3.8个百分点，全年新增网民5 653万。我国手机网民数量达到8.17亿，网民中通过手机接入互联网的比例达98.6％。2018年，我国通过网络购物的居民已达6.1亿，年增长率达14.4％[①]。2018年，我国居民每天平均使用互联网的时间为2小时42分钟，其中通过手机或平板电脑上网的平均时间为1小时53分钟[②]。据中国科协发布的第十次中国公民科学素质调查数据显示，我国居民每天通过互联网或者移动互联网获取科技信息的比例已经高达64.6％[③]。由以上数据可以看出，我国互联网的普及率已经较高，互联网已经成为公众获取信息、表达诉求的重要渠道。在"互联网＋"时代，如何让互联网更积极地发挥作用，服务于政府治理而不是仅仅成为一个信息渠道，是一个必须解决的问题。对于食品安全风险治理来说，互联网可以打通食品企业、政府、消费者之间的信息沟通，为信息工具在食品安全风险治理中发挥作用提供良好的平台。

二、食品安全风险治理中互联网的信息功能

对于公众来说，对食品安全风险的事前甄别远比危害发生后再进行处罚重要。理想的食品安全风险治理体系既应包括政府的角色，还应积极发挥市场机制和社会监督的作用。食品安全问题治理有着高度的信息依赖性，而治理所需的信息分布于无数多元分散的社会主体之中，不是集中于监管机构之手。信息能力直接决定着食品安全风险治理的深度和边界。信息不仅可以为制度化执法提供准确指引，更为关键的是可以有效预防食品安全事故或减少危害程度。互联网的信息传播和互动功能有利于建立公开透明的食品安全风险治理平台，推进社会共治。

1. 互联网可以成为食品安全溯源系统的基础

依靠"互联网＋智能监控"可以构建基于互联网的"从农田到餐桌"的食品供应链全链条监管信息平台。互联网可以促进食品供应链中不同主

---

① 第43次《中国互联网络发展状况统计报告》[EB/OL]. 中国互联网络信息中心，2019－02－28.

② 国家统计局. 我国居民一天使用互联网平均时间2小时42分钟 [EB/OL]. 经济日报官方账号，2019－01－25.

③ 第十次中国公民科学素质调查结果公布 [EB/OL]. 中国科学技术协会网站，2018－09－18.

体的跨界合作，实现种植或养殖、加工和销售全链条联通，从而依托互联网建立食品质量的全程可追溯系统，消费者也可以通过互联网查询质量溯源信息，并通过网络反馈消费后对食品质量的感受。

2. 互联网尤其是移动互联网的泛在化趋势可以将治理推送到公众手边

随着互联网尤其是移动互联网的公众触达性越来越强，其在食品安全信息公开和实时监控中可以发挥更重要的作用。互联网尤其是移动互联网已经成为人们获取信息的主要渠道，借助权威线上媒体发布食品安全信息将具有更好的信息接收性，保障信息效用的发挥。同时，互联网也为食品安全的实时监控提供了便利，如餐饮业中的"明厨亮灶"工程，消费者只需在手机或 Pad 等移动终端上安装并启用 APP，就可以通过移动终端实时查看餐饮厨房的工作过程，还可以追溯过去多日的操作监控视频。

3. 互联网的开放互动性使其成为汇集舆情的重要平台

一方面，互联网已经成为食品安全问题曝光的主要源头和渠道；另一方面，互联网已经成为公众互动讨论食品安全问题的主要平台，互联网为公众发表见解提供了便利。这些汇集在互联网中的食品安全信息鱼龙混杂、真假难辨，信息价值难以体现，但通过数据挖掘技术可以发现其中的风险线索，从而成为食品安全风险预警的重要依据。

4. 互联网为食品安全的智能监管提供了技术支持

第一，互联网为不同监管机构之间的数据共享提供了平台，如行政许可信息、行政执法信息、检验检测信息的共享；第二，互联网为监管中的精准定位和移动执法提供了可能性，依托智能检测设备对食品安全进行动态检查，并将执法结果实时上传监管信息系统。

三、基于互联网信息平台的食品安全风险治理机制

基于互联网信息平台的食品安全风险治理即利用以互联网为代表的现代信息平台作为改进食品安全风险治理的手段，提高治理能力和绩效。传统的食品安全监管模式具有单向性、技术性、客观性的特点。基于互联网的食品安全风险治理首先强调社会多元主体的积极参与，风险决策应符合公众的利益并反映公众的安全需要。此外，基于互联网的食品安全风险治理要求信息的公开透明，通过降低信息的不对称性减轻恐慌、赢得信任和达成共识，在交流沟通机制下实现更加普遍的社会理性。方芗（2014）认为风险治理主要面临两方面的挑战，一方面是收集和总结风险知识，即解

决风险认知和建构的问题；另一方面是决策如何管理风险，主要涉及多角色参与问题。通过多元参与机制、风险交流机制和风险预警机制可以发挥互联网在食品安全风险治理中的重要作用，促进食品安全风险多元协同治理格局的形成。基于互联网信息工具的食品安全风险治理机制如图 11-1 所示。

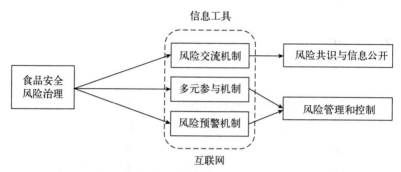

图 11-1 基于互联网信息工具的食品安全风险治理机制

1. 风险交流机制

风险交流是公开的、双向的信息观点的交流，以使风险得到更好的理解，并帮助食品安全利益相关者做出更好的风险管理决定。食品安全风险交流实质上是风险相关方围绕食品安全风险及其相关因素交换信息和意见的过程。第一，通过风险交流达成对风险认知的共识。专家与政策制定者是通过数据来评估风险，而公众一般是通过直觉做出风险判断，或者称之为风险认知。食品安全风险兼具客观实在性和主观建构性的综合特征。对于食品安全风险来说，通过抽查获得的客观数据并不为大众所接受，公众对食品安全风险的认知大多来源于大众传媒的传播。正因为如此，官方公布的食品安全状况与公众的感知总是存在很大差异，具体表现为监管部门公布显示的食品安全整体水平很高，而公众对食品安全状况的满意度却始终在低位徘徊。通过风险交流应减少公众、专家团体和政策制定者之间有关食品安全风险的分歧。为此应建立包括公众在内的多元风险沟通机制，通过持续的风险交流寻求在最大程度上的风险共识和更加普遍的社会理性。第二，缓解风险放大效应。信任在信息传播过程中易失而不易得，Slvoic（1993）称其为"不对称原则"，有损信任的负面事件比增强信任的正面事件往往更易受到关注。对于食品安全风险来说，负面信息甚至谣言传播的速度和影响力远高于正面信息。相关研究表明，有关食品安全的谣言是最多和最常见的，例如有人谣传部分区域的猪肉大面积出现钩虫[①]。负面信息及其在传播过程中被人为放大而产生的"涟漪效应"会对责任公司或整个行业带来极大的危害，甚至会引起社会恐慌。通过及时的风险交流可以缓解负面信息在传播过程中人为放大，使其尽量保持客观真实性，同时及时减轻谣言造成的恶劣影响，在引导公众正确认知的同时，减少其对行业和政府声誉的损害。

2. 多元参与机制

由于消费者是食品最终的食用者，所以其参与食品安全风险治理最具正当性。将消费者纳入食品安全风险治理中，不会增加消费者本身的成本，同时还可以弥补政府在销售环节以及消费环节（主要指餐饮）中监管力量的不足。第一，消费者通过消费行为延伸了治理的触角，在很大程度上可以破解公共执法资源配置特别是基层配置的不足问题，覆盖很多监管机构难以力及的空白点，成为公共执法资源的最有力补充，增加了食品安全治理的深度和广度。第二，通过公众参与治理可以提升公共机构监管的效率和准确度，消费者通过亲身体验为执法机关提供最直接、准确的执法依据，使得公共机构可以有的放矢地进行精确执法，提高监管效率，并在很大程度上降低执法成本。例如消费者发现所消费食品存在质量安全问题，可以通过拍照及时记录下违规凭证，并直接上传至网络，执法机关可以直接对相关企业进行安全检查。第三，消费者参与食品安全风险治理可以发挥消费者群体的作用，使得声誉机制更好地发挥作用，单一消费者的声誉机制威慑力有限，而消费者群体的声誉机制对食品经营者具有极强的威慑力，可以促进食品企业加强自律，减少违规行为发生的可能。例如消费者可以通过购买后评价倒逼企业提升产品质量，大部分消费者评价高的食品企业自然会受到更多消费者的青睐，而消费者评价较差的企业将最终被市场淘汰，由此，就增加了食品企业守住食品安全底线的动力。

3. 风险预警机制

基于互联网的风险预警机制是指依托互联网平台，结合互联网与大数据分析对食品安全风险进行事前预警和积极防范。食品安全风险信息包括监管类信息和情报类信息两类。其中监管类信息包括法规标准信息、行政

---

① 潘福达. 食品安全网络谣言何时休 [N]. 北京日报，2015 - 06 - 10.

许可信息、行政执法信息、检验检测信息、投诉举报及企业自报信息等；情报类信息则采集于媒体、各类组织机构等渠道（吴行惠等，2015；高永超等，2015）。互联网为统筹利用政府和社会数据资源预警食品安全风险提供了良好的平台。一是互联网中的海量数据成为食品安全风险大数据分析的基础。互联网、移动互联网、物联网已经生成了海量数据，并且每天都在加速增长之中。由于食品安全问题的敏感性，互联网中有关食品安全的信息更是铺天盖地，对于食品安全风险的大数据分析而言，数据准备已足够成熟。通过引进大数据管理系统和技术流程，对互联网中的结构化、半结构化和非结构化数据进行分析，可以提升食品安全风险预警的及时性和准确性。二是互联网的信息优势使得食品安全风险数据的关联和共享更为便捷。与其他信息传播工具相比，互联网使信息传递彻底突破了空间界限，不仅传播速度快，而且传播信息量大、成本低廉，尤其是在信息交互性方面更具优势。依托互联网平台，可以整合监管机构的公共数据资源，促进互联互通及政府数据的一致性和准确性。通过实时采集汇总并分析食品安全的市场监管、检验检测、违法失信、投诉举报及消费维权等数据，有效提升政府的食品安全风险预警能力。

依托互联网，在风险交流、多元参与和风险预警机制作用下，一方面，可以促进政府与公众就食品安全风险认知达成最大程度的共识；另一方面，可以借助公众力量和现代技术管控好食品安全风险。在食品科技和生物技术快速发展的今天，很多食品安全风险早已超越了公众的认知能力范围。由于风险认知约束，对食品安全风险的判断很大程度上都依赖于专家决策。虽然专家决策有其科学上的合理性，但现实是很多专家决策是充满争议和歧义的，抑或被利益集团操纵。这方面例子很多，如转基因食品是否安全等。通过风险交流和多元参与可以满足公众对食品安全风险治理的知情权、参与权、表达权和监督权，进一步达成风险共识；同时通过吸纳公众的信息和价值判断并结合信息技术，可以使食品安全风险决策更具普适性和科学性，从而达到较好的风险治理效果。

四、基于互联网信息平台的供应链食品安全风险治理策略

食品安全问题治理已经从监管为中心步入协同治理阶段，互联网作为新一代信息传播工具，为食品安全风险的社会协同治理提供了良好的平台，使治理信息工具能够更有效地发挥作用。借助互联网信息平台，通过

多元参与、风险交流和风险预警机制可以促进风险共识的达成，提升食品安全风险的治理水平。为了更好地发挥互联网在食品安全风险治理中的作用，还应解决好以下几方面问题：

1. 唤醒公众参与食品安全风险治理的责任意识

食品安全风险治理既需要政府"有形的手"和市场"无形的手"，还需要公众的"无数双眼"。对于很多产品来说，质量信号传递可以缓解产品质量信息的不对称，克服逆向选择，从而实现通过市场机制分离不同质量水平的产品，这些质量信号包括价格、广告、品牌和企业的声誉、质量保证金等。然而，对于食品的"信任品"属性而言，这些信号机制的作用却受到限制，正如我们看到的一些现象：如高价的有机食品农药残留超标①，像三鹿、双汇这样的知名企业依然曝出食品安全丑闻，保健品的广告铺天盖地但保健品却难以起到保健效果。市场机制在食品安全风险治理中屡屡失灵，政府公共资源稀缺使得治理绩效难以获得公众的认可和信任，此时唤醒公众的参与责任和社会的自我保护意识对食品安全风险治理来说意义重大。为此，应通过法律法规、公共政策和社会行动，唤醒和强化消费者对食品安全风险治理的责任意识，从单纯地强调消费者权益保护转为责任与权益并举，从而走向食品安全的社会共保。

2. 在食品安全风险治理中，政府应树立开放思维、数据思维和云端治理思维

面对公众对食品安全的高期望度和低舆论沸点，对政府的治理能力提出了更高的要求，食品安全风险的全程化、动态化和智能化治理已经成为必然。一方面，政府应树立开放性的治理思维，在严格落实自身责任的同时，在制度设计和监督执法中充分考虑公众和第三方机构在食品安全风险治理中的重要作用。另一方面，基于"互联网＋"时代要求政府树立数据思维和云端治理理念，在包括食品安全在内的公共安全领域，发挥政府在云端治理中的主体作用和引导作用。近期，国务院印发的《促进大数据发展行动纲要》对如何通过大数据治理食品安全风险将是很好的指引，推动食品安全治理模式数字化发展。

3. 强化互联网本身的治理

互联网是一把双刃剑，能在政府治理中发挥重要作用，但其失序性和

---

① 有机蔬菜农残量超标　企业多招应付检查 [N]. 新京报，2015 - 09 - 29.

不确定性也被不断放大。对于食品安全风险治理来说，互联网是好的治理平台，但在互联网上也泛滥着各种谣言，部分谣言左右着公众的价值判断，影响着公众的购买行为，给企业、行业和政府部门带来负面影响，加大了食品安全问题治理的难度；在涉及食品安全监管信息的共享开放时，互联网中的信息安全也是必须要解决的问题。为此，应加强对有关食品安全信息在互联网中发布的监管和引导，同时建立统一的信息发布平台，让权威声音第一时间出现在互联网上。

第十二章 信息视角下推进食品安全治理的对策建议

食品安全治理是一个系统工程，既需要完善的食品安全管理体系，也需要增强食品生产经营者的自律性和社会力量的参与，共同构建食品安全的社会共治格局。本章将以前文分析为基础，提出信息视角下推进我国食品安全治理的对策建议。

一、持续优化食品安全监管体系

尽管我国食品安全监管体系不断完善，监管效能不断提升，但依然存在着稀缺的监管资源与数量庞大的监管客体之间的矛盾。当前，我国的食品安全监管主要受以下几方面因素约束。一是人力资源约束。现代食品安全监管的人力资源体系有三大支柱，分别为行政管理、风险分析和犯罪打击，这三大支柱分别从政策、技术和执法层面为食品安全监管提供支撑。从国际经验看，人力资源配置直接影响食品安全监管绩效。美国的食品药品监督管理局（FDA）除了聘用数以千计的技术人员从事风险评估外，还有数以万计的监管执法人员在农田和企业生产车间进行巡查。相比之下，从人口比例来看，我国的食品安全监管人力资源配置存在严重不足，且执法人员与行政管理人员存在"倒挂"现象，食品安全监管基层执法人员不足，专业技术人员数量则更少。二是检验检测资源约束。食品安全检验检测体系约束主要表现在以下两个方面：一方面是社会检验资源匮乏且检验检测能力不强。在食品质量检测检验方面，我国的食品安全检验检测机构主要分布于国家卫生健康委员会、国家药品监督管理局、国家市场监督管理总局、国家出入境检验检疫局、农业农村部，现有的食品质量检测资源难以满足检测需要；同时，我国的食品安全社会检测力量发展滞后，具有权威性的食品安全第三方检测机构数量较少，进一步加剧了食品质量检测的供需矛盾。另一方面是信息共享不足，检验检测资源利用效率不高。现有食品质量检验检测体系存在资源重复配置、职能和层次定位不清晰等问题，不同检测机构的信息共享和整合程度不高，造成存量检验检测资源利用效率不高。三是信息资源约束。信息是食品安全问题治理的基础。公众对食品安全信息的需求程度越来越高，现有的信息供给不仅难以满足公众需求，由于食品安全风险的社会建构性，还使得在信息传播过程中食品安全风险被人为放大。当前，执法人员和检测设施不足，检测成本高使得食品质量安全信息获取不全面、不及时，同时监管部门之间、区域之间的监管信息不能充分共享，食品安全信息供给缺乏统一标准、接口和发布平台。信息约束已经成为制约食品安全监管绩效的重要方面，是公众对当前食品安全监管信任程度较低的重要原因。

食品安全监管体系应该是一个持续动态调整的体系，以适应国际国内环境变化和食品安全的不确定性。未来应在以下几个方面进行优化：一是补齐监管力量不足特别是基层监管资源稀缺的短板。不断充实食品安全监管力量，在监管资源配置中向基层倾斜；加强食品安全监管人才的培养，特别是培养更多的具有较高专业技术水平的人才，完善食品安全监管的人才支撑。二是吸收社会资源参与食品安全监管。当前，造成我国食品安全监管资源稀缺的一个重要原因是社会监管力量发展不足。为此，应积极吸收社会资源参与食品安全监管，发挥第三方机构在科学研究、风险评估中的重要作用，发展信誉度高的第三方食品质量检测机构；构建消费者、媒体、社会组织、行业协会等社会力量共同参与食品安全治理的法律基础和平台。三是继续完善食品安全监管机构体系。针对国际国内环境的变化不断调整优化食品安全体系，对新出现的食品经营业态和食品技术及时追踪，尽快补充相应的监管职能；加快与国际标准对接，积极引入新的食品安全管理理念和方法，提高食品安全监管的效能。

二、加强食品安全监管的政府购买服务

食品安全问题的社会共治已经在政府及社会各界达成了普遍共识，通过调动社会资源参与食品安全监管可以克服资源约束，降低执法成本，提高监管效率。政府购买服务是引入社会监管资源、推进食品安全社会治理的重要方式。对于食品安全监管来说，加强政府购买服务进程恰逢其时，吸引更多社会力量加入食品安全的社会共治格局中来，可以有效克服当前

的监管难题，保障广大人民群众"舌尖上的安全"。

政府购买服务即通过发挥市场机制作用，把政府直接向社会公众提供的一部分公共服务事项，按照一定的方式和程序，交由具备条件的社会力量承担，并由政府根据服务数量和质量向其支付费用。在这里，购买服务的主体是各级行政机关及具有行政管理职能的事业单位，承接主体包括社会组织、企业及机构等社会力量。当前，我国政府购买服务正在快速发展并迈向制度化，2013 年 9 月，国务院公布了《关于政府向社会力量购买服务的指导意见》，2013 年 11 月，在《中共中央关于全面深化改革若干重大问题的决定》中明确提出要"推广政府购买服务"，这是在国家战略层面上的重大部署。在食品安全监管中引入政府购买服务可以调动社会资源参与食品安全监管，克服资源约束，降低执法成本，提高监管效率。基于政府购买服务的食品安全监管体系创新包括三方面内容：一是购买范围的界定；二是明确购买内容；三是确定购买方式。基于政府购买服务的食品安全监管体系优化理论模型如图 12-1 所示。

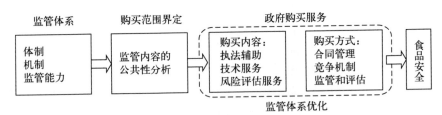

图 12-1　基于政府购买服务的食品安全监管体系优化理论模型

1. 购买范围的界定

政府购买公共服务的关键是对公共服务进行合理分类，科学确定购买范围。根据公共产品的竞争性和排他性程度，公共产品可以分为纯公共产品和准公共产品。公共产品理论认为纯公共产品应由政府直接提供，准公共产品可以由市场或社会提供。从国际经验看，并不是所有的公共服务都可以采用政府购买的方式提供。美国将政府职能分为政府固有职能和可外包的商业行为两类，其中，政府固有职能主要由政府直接提供，这就为政府购买公共服务划定了边界。食品安全是关系到整个社会利益的公共事务，作为一种公共产品而存在。保障食品安全是政府的重要职能，中央农村工作会议提出要用最严谨的标准、最严格的监管、最严厉的处罚、最严肃的问责，确保广大人民群众"舌尖上的安全"。由于资源约束和成本收益问题，单纯依靠企业自觉和政府监管不一定能够达到预期效果，将食品安全监管中具有准公共性质的职能外包给社会力量，可以在一定程度上克服资源约束，并提高食品安全监管绩效。《中华人民共和国食品安全法》中界定的食品安全监管内容包括制定规章标准、事前行政许可、食品安全信息强制披露、食品安全检查、食品检验和违法后的处罚等。对于具有强公共性的监管职能，政府应发挥主要作用；对于社会力量有能力去做且适合做的监管内容则可采取政府购买服务的方式。

2. 明确购买内容

从国内外经验看，政府购买服务的主要项目包括基本公共服务（如教育、就业等）、社会管理服务、行政管理与协调、技术服务、政府消耗性服务、政府履职所需辅助性事项等。在食品安全监管领域，2012年5月，广东省在全国率先发布了政府向社会组织购买服务项目目录，其中农产品质量安全风险评估服务位列其中；浙江和天津的政府购买服务指导目录中也涉及多项有关食品安全监管的内容，地方政府在食品安全监管中购买服务内容示例如表12-1所示。根据我国食品安全监管体系的构成，监管体制和监管机制属纯公共产品范畴，而监管能力中的部分内容则具有准公共产品特性，可以通过政府购买服务的方式来提供。基于对食品安全监管中政府购买服务范围的界定分析，结合部分地区的成功实践，本研究将政府购买服务内容分为技术服务、风险管理服务及监管辅助服务。

表12-1　地方政府在食品安全监管中购买服务内容示例

地区	政府购买内容
北京	产品、食品质量安全监管检验检测服务
天津	食品药品安全监管辅助服务、食品安全监督抽检工作、食品安全风险监测及评估工作
浙江	农产品质量安全风险评估、食品安全标准规划、食品安全监督抽检工作、食品安全风险监测及评估
广东	农产品质量安全风险评估

（1）政府购买技术服务

一般来说，政府购买技术服务事项主要有两类：一类是广义的技术服务事项，包括科研类服务、行业规划、行业规范、行业调查、行业统计分析、资产评估、检验、检疫、检测、监测及会展服务等；另一类是政府履职所需的技术性服务事项，包括法律服务、审计服务、课题研究、评估、绩效评价、咨询及工程服务等。对于食品安全监管来说，政府购买技术服务的客体可以是食品质量检测技术、食品安全监管中的信息技术、食品安全风险管理技术等。当前，食品质量的检验检测及科研类技术服务通过政府采购完成的还很少。浙江省将农产品质量安全风险评估、食品安全标准规划、食品安全标准研究咨询及宣传、食品安全监督抽检工作、食品安全风险监测及评估列入政府向社会力量购买服务指导目录，天津市将食品安全监督抽检工作、食品安全风险监测及评估工作列入政府购买服务指导目录。国务院发布的《2014年食品安全重点工作安排的通知》中明确提出"创造有利于第三方食品安全检验检测机构发展的环境，鼓励向第三方检验检测机构购买服务。"

（2）政府购买风险管理服务

理想的食品安全监管体系应是建立在风险分析基础之上的预防性体系。食品安全风险管理体系包括风险评估机构建立、检测数据收集、评估技术发展、风险交流四个方面的内容。对于风险管理服务，政府购买的重点应是检测数据收集和风险交流两个方面。对于检测数据收集可以采取"转让-经营"模式，交给专业机构运营。对于风险交流，可以通过政府购买服务的方式发挥社会组织在食品安全信息发布、食品安全知识普及中的重要作用。

（3）政府购买监管辅助服务

政府购买监管辅助服务的主要目的是克服食品安全监管中的人力资源约束，克服监管力量尤其是基层监管力量的不足，尽可能填补监管空白。食品安全辅助监管服务主要包括社会监督、信息搜集和报送、知识宣传三个方面的内容。通过政府购买监管辅助服务，可以使部门管理转变为社会管理，充分调动社会资源参与到食品安全监管之中。

3. 确定购买方式

对于食品安全监管来说，政府购买服务是一个系统工程，购买服务的入口和出口都需要一整套严谨的制度规范，遵循科学的路径。要根据食品安全监管中各项职能的特性选择不同的购买方式。从国外实践来看，政府购买公共服务的方式包括合同外包、公司合营、凭单制和政府补助。对于食品安全监管职能来说，应采取合同外包的方式。根据前文的购买内容分析，技术服务和风险管理服务可以采取"结果导向"的合同管理方式；监管辅助类服务可采用"任务导向"的合同管理方式。

（1）完善食品安全监管中政府购买服务的法律基础

在食品安全监管中，应完善政府购买公共服务的法律基础，依法确立政府购买公共服务各项程序、具体方法与制度。重点涉及两类法律法规，一类是食品安全类法律法规；另一类是政府购买服务类法律法规。应以现有的《中华人民共和国食品安全法》和《政府采购法》为基础，通过完善修订相关法律，将政府向社会力量购买公共服务纳入政府采购的法律范围之中，同时明确政府购买服务在食品安全监管体系中的重要作用。

（2）加强政府购买服务中的合同管理

在政府购买服务中，合同管理是保障成功的关键。合同草拟中的技术难题、合同监督中的成本难题、合同签订中的规制俘获问题，都需要加强对购买服务合同的管理。合同中应明确所购买服务的范围、标的、数量、质量要求，以及服务期限、资金支付方式、权利、义务和违约责任等，并加强对服务提供全过程的跟踪监管和对服务成果的检查验收。对于食品安全监管中的政府购买服务来说，技术性服务及信息类服务可采用"结果导向"的合同管理方式，例如在政府购买检测服务中实施项目导向，按照具体项目与检测业务量进行管理；监管辅助类服务可采用"任务导向"的合同管理方式，在合同中列明服务的具体任务、内容、质量要求与行为规范。

（3）建立政府购买服务的多元竞争机制

在食品安全监管中，为了提高政府购买服务的效率，应建立多元竞争机制，保证社会力量的充分参与。一是要建立公开、公平、严格、规范的竞标制度，通过竞争择优的方式选择承接购买的社会主体；二是要建立严格的准入和退出机制，购买服务的承接主体必须具备相应的资质，要建立惩罚和触发淘汰机制；三是要探索多样化的公共服务购买方式，根据食品安全监管内容中公共性强弱的不同，综合考虑成本及效益，可采取外包、政府补贴等不同方式；四是要完善预算管理制度和政府采购制度，探索政府购买服务资金来源的多元化，并将政府购买服务经费列入年度财政预算。

（4）加强政府购买服务的监管和评估

政府转变职能、向社会购买服务，并不等于政府责任的弱化，因此要严格对购买服务的监管和评估。政府购买服务的一般流程是编制年度计划、政府审议确定购买项目、编制预算草案、进行政府购买、绩效评估及审计。为了实现食品安全监管中政府购买服务的效益最大化、服务最优化，应建立完善的监管和评估体系。引入独立的第三方监督和评估机构进行绩效管理、审计和外部监督，在监督和评估中充分吸收社会公众和媒体的意见；建立社会组织承接政府购买服务信用制度；制定科学的评估指标体系和评估方法，完善相关信息的数据采集平台建设。

（5）通过整合检验检测体系培育合格承接主体

目前我国检验检测资源总量庞大，但大多数食品安全检测机构都隶属于政府下属的事业单位，虽然掌握着大量的检测资源，却游离在市场经济体制之外，缺乏活力和竞争力。为此，应改变当前食品质量检验检测体系的现状。一方面，应有计划地开放检验检测市场，鼓励并支持第三方检验机构发展，逐步加大向第三方食品检验机构购买服务的比例；另一方面，应推进"政技分开"，改变检验检测机构附属于行政职能部门的现状，如此不仅有利于构建精简高效的监督行政体系，也可大大提高技术支撑的效率。

资源约束是任何类型的公共执法都无法回避的现实挑战。食品安全监管是一个系统性工程，在食品安全监管体系中引入社会力量可以克服监管中的人力资源约束、检验检测资源约束和信息约束。对于政府来说，应克服"监管中心主义"约束，在制度设计中突破监管机构的本位思想，重视社会力量在食品安全监管中的重要作用，同时应转变观念，从公共服务的提供者角色逐步转变为购买者和监督者角色，在食品安全监管职能外包中建立起与承接主体间平等的契约关系。

三、依托"互联网＋"提升食品安全治理的智能化水平

风险管理、社会共治和全程控制已经成为世界各国在食品安全治理中的共识。传统监管模式受资源约束，难以高效地实现上述监管理念。"互联网＋"作为现代信息技术的集大成者，为食品安全的智能化监管提供了工具，而智能监管又是实现风险管理、社会共治、全程控制的关键。传统

的食品安全风险隐患，加之新出现的网购食品、网络订餐中的食品安全问题，使得食品安全监管的难度不断增加。面对面、人盯人、手把手的监管方式已经不能适应监管的新要求。迫切需要监管部门转变监管理念，树立信息化思维。互联网在信息传播尤其是互动方面有着其他传播工具无法比拟的优势。互联网使信息的传递彻底突破了空间限制，信息传播速度快、信息量大、成本低，且具有实时互动和交互特性（罗俊等，2015）。互联网上消费者所反映的企业质量信息应作为企业质量安全管理最重要的信息来源，应用网络质量安全信息平台技术可以降低全社会的质量安全治理成本（程虹等，2012）。

　　"互联网＋"和大数据技术正在改变政府管理、工商运营、公共服务以及人们的生活方式等诸多方面，促使社会发生变革。将"互联网＋"、大数据与食品安全监管相结合，对于破解当前食品安全监管中的难题、提升食品安全监管效能具有很强的现实意义。在"互联网＋"时代，如何让互联网更积极地发挥作用，服务于政府治理而不是仅仅成为一个信息渠道，是一个必须解决的问题。对于公众来说，对食品安全风险的事前甄别远比危害发生后再进行处罚重要。食品安全问题治理有着高度的信息依赖性，而治理所需的信息分布于无数多元分散的社会主体之中，不是集中于监管机构之手。信息能力直接决定着食品安全风险治理的深度和边界。要推动食品安全监管工作转型升级、提升监管效能，关键在于依托"互联网＋"加快智能监管体系建设。基于"互联网＋"的食品安全智能监管不仅可以解决监管力量不足的问题，还可以降低监管成本，实现精准化监管和风险预警。

　　1. 基于"互联网＋"的食品安全智能监管功能体系

　　现代食品安全监管正从"单一主体监管"走向"多元主体治理"，从"单一途径监管"走向"多元机制治理"，更加强调风险管理、社会共治和全程控制。以互联网、大数据等新一代信息技术为核心的智能化监管是实现上述转变的关键。基于"互联网＋"的食品安全智能化监管包括以下几个功能系统：一是食品安全风险管理系统，即基于"互联网＋"、大数据技术的风险分析、风险管理和风险交流；二是基于"互联网＋"的食品安全社会共治平台；三是基于"互联网＋"的食品安全全程控制系统。基于"互联网＋"的食品安全智能监管功能体系如图12-2所示。

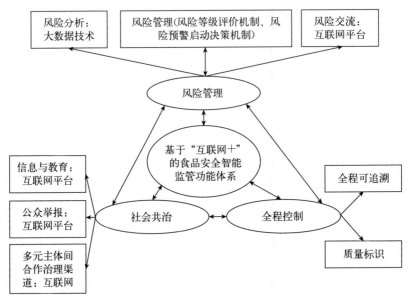

图 12-2　基于"互联网+"的食品安全智能监管功能体系

2. 基于"互联网+"的食品安全智能监管技术支撑体系

信息是食品安全监管的基础。食品安全智能监管的最大优势在于信息采集、分析、供给的精准性和高效性。基于"互联网+"的食品安全智能监管技术支撑体系包括三大类：一是信息采集技术；二是信息共享分析技术；三是智能监管信息管理系统。基于"互联网+"的食品安全智能监管技术支撑体系如图 12-3 所示。

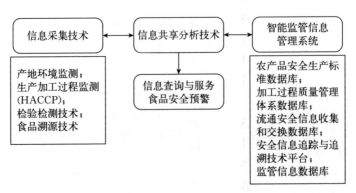

图 12-3　基于"互联网+"的食品安全智能监管技术支撑体系

3. 基于"互联网十"的食品安全智能监管制度保障体系

在"互联网十"与食品安全监管的结合中，政府、企业、社会组织、消费者等多元主体间的权力、资源和责任的行使是实现食品安全智能化监管的制度保障。为了保障上文所述功能和技术体系的运行，该制度体系包括以下几个方面：一是企业的食品安全信息责任制度，包含信息揭示制度（界定企业需要披露哪些生产和交易环节的信息，而且要通过互联网为社会提供监督平台。）、可追溯制度、食品标识制度。二是政府的信息规章制度，包含信息公开制度、信用制度、与企业信息责任关联的处罚制度、举报奖励制度。三是社会组织和消费者参与食品安全监管的权利保障制度。

四、发挥技术在食品安全治理中的核心作用

食品安全事关广大人民群众的健康权，越来越受到政府和公众的重视。食品安全已经作为省级政府考核的重要内容，更是连年最受公众关注的焦点问题。当前，食品生产经营中的新模式、新业态不断出现，食品消费越来越呈现出个性化、社交化、国际化的特点，在这变化中容易产生新的食品安全隐患。除了不断完善食品安全监管体制机制，促进食品安全的社会共治之外，技术创新应该在食品安全治理中发挥核心作用。

1. 提升食品质量检测水平

一是整合食品质量检测资源。以区域为单位整合重复建设的食品质量检测资源，科学布局规划食品质量检测机构。打造检测信息共享平台，促进食品质量检测结果的共享共用。二是大力发展食品质量快速检测技术。当前，国际食品质量检测科技的发展趋势越来越呈现出集成化、快速化的特点，越来越需要依靠快速科学的食品质量检测为执法过程提供依据。当前，困扰我国食品安全监管的主要问题在于监管资源不足，技术设备落后。食品质量快速检测技术可以实现食品安全风险预警的前移、扩大检测范围，更好地防范食品安全风险。为此，应加大对食品质量快速检测技术的研发和应用推广力度。

2. 发挥大数据在食品安全风险预警中的作用

食品安全问题关乎民生、经济发展和政府公信力。从现实情况来看，当前食品安全形势并不乐观，消费者对食品安全的信任度始终不高。事后监管为主的食品安全监管模式是造成这一现象的主要原因。食品安全风险预警强调事前监管，是解决食品安全问题的理想方式。从频发的食品安全

事件来看，我国现有的食品安全监测网络和风险预警体系并没有起到有效预警食品安全风险的作用。究其原因，一是食品安全风险涉及面广、影响因素多，由于公共执法资源稀缺，信息采集大多采取抽样方式，容易导致风险信息的遗漏；二是食品安全"监测网络推进快"，但"监测数据处理慢"，数据闲置和数据孤岛现象严重，大量食品安全数据因缺少分析而失去了其应有的预警价值；三是外部数据如互联网数据利用不足，没有发挥网络舆情和社会力量参与食品安全风险预警中的重要作用。随着政府和社会对食品安全问题的重视程度不断提高，无论是来自监管机构和企业的信息，还是来自外部环境的食品安全信息，都呈爆炸式增长态势。如果说计算能力有限阻碍了食品安全监测数据和海量外部信息的分析，那么大数据技术则使有效的食品安全风险分析及预警成为可能。

大数据泛指巨量的数据集，因可从中挖掘出有价值的信息而受到重视。《华尔街日报》将大数据时代、智能化生产和无线网络革命称为引领未来繁荣的三大技术变革。大数据技术作为引领未来繁荣的新兴技术，正不断被应用于企业竞争、政府管理和公共服务等领域，产生了巨大的商业价值和社会价值。在大数据时代，社会管理应树立"数据思维"理念，尽可能分析更多的数据，而不仅仅依赖于采样；不再过度热衷于寻找事物间的因果关系，而是寻找相互之间的相关关系（孟小峰等，2013）。食品安全数据具有来源多样性、更新频度高、数据规模大、数据结构不同等特点。除监管系统的结构化数据库外，大量非结构化数据中也隐藏着很多有用的信息。在数据采集阶段，数据除来自监管部门和生产部门外，还应包括食品安全追溯系统和媒体大众渠道的数据。基于大数据管理的食品安全预警体系有利于改变传统执法和事后应对的食品安全监管模式，克服传统预警体系的弊端。通过对食品安全大数据的管理，充分挖掘海量数据的价值，实现对食品安全风险的精准化、及时性预警，建立事实驱动、智慧治理的监管模式，提升食品安全监管绩效。

参 考 文 献

柏维春，2014. 政府购买服务相关问题思考 [J]. 人民论坛 (3)：28 - 30.

蔡岚，2015. 协同治理：复杂公共问题的解决之道 [J]. 暨南学报 (社会科学版) (2)：110 - 118.

杜荣胜，2014. 政府购买公共服务问题和对策研究 [J]. 财政研究 (6)：29 - 32.

范柏乃，金洁，闫伟，2015. 食品安全：从政府监管走向公共治理 [N]. 光明日报 11 - 23 (11).

方芗，2014. 社会信任重塑与环境生态风险治理研究——以核能发展引发的利益相关群众参与为例 [J]. 兰州大学学报 (社会科学版) (9)：67 - 73.

高永超，刘丽梅，王玎，等，2015. 食品安全风险情报类信息数据分析 [J]. 食品工业，36 (2)：222 - 227.

高世楫，廖毅敏，2015. 信息化在推进国家治理现代化中的基础性作用——一个政府工具的分析框架 [J]. 中国发展观察 (3)：54 - 57.

龚强，张一林，余建宇，2013. 激励、信息与食品安全规制 [J]. 经济研究 (3)：135 -147.

古川，安玉发，2012. 食品安全信息披露的博弈分析 [J]. 经济与管理研究 (1)：38 -45.

韩杨，曹斌，陈建先，等，2014. 中国消费者对食品质量安全信息需求差异分析——来自 1 573 个消费者的数据检验 [J]. 中国软科学 (2)：32 - 45.

何坪华，聂凤英，2007. 食品安全预警系统：功能、结构及运行机制研究 [J]. 商业时代 (33)：62 - 64.

胡薇，2012. 政府购买社会组织服务的理论逻辑与制度现实 [J]. 经济社会体制比较 (11)：129 - 136.

胡颖廉，2018. 改革开放 40 年中国食品安全监管体制和机构演进 [J]. 中国食品药品监管，177 (10)：4 - 24.

胡颖廉，2015. "十三五"期间的食品安全监管体系催生：解剖四类区域 [J]. 改革 (3)：72 - 81.

胡颖廉，2013. 地方食品监管体制改革前瞻 [J]. 中国党政干部论坛 (7)：72 - 74.

江晓东，高维和，梁雪，2013. 冲突性信息对消费者信息搜索行为的影响——基于功能性食品健康声称的实证研究 [J]. 财贸研究 (2)：114 - 121.

金祥荣，羊茂良，2002. 中介组织在经验品质量信号传递中的功能 [J]. 浙江大学学报（人文社会科学版），32（6）：80－86.

孔繁华，2010. 我国食品安全信息公布制度研究［J］. 华南师范大学学报（社会科学版）（3）：5－11.

李东进，2002. 消费者搜寻信息努力的影响因素及其成果与满意的实证研究［J］. 管理世界（11）：100－107.

李军鹏，2013. 政府购买公共服务的学理因由、典型模式与推进策略［J］. 改革（12）：17－29.

李夏冰，凌文婧，2015. 大数据时代的食品安全检测和预警［J］. 中国对外贸易（3）：62－63.

李一宁，金世斌，吴国玖，2015. 推进政府购买公共服务的路径选择［J］. 中国行政管理（2）：94－97.

林建煌，2004. 消费者行为［M］. 北京：北京大学出版社.

林志刚，彭波，2013. 大数据管理的现实匹配、多重挑战及趋势判断［J］. 改革（8）：15－23.

刘飞，李谭君，2013. 食品安全治理中的国家、市场与消费者：基于协同治理的分析框架［J］. 浙江学刊（6）：215－221.

刘亚平，李欣颐，2015. 基于风险的多层治理体系——以欧盟食品安全监管为例［J］. 中山大学学报（社会科学版）（4）：159－168.

马琳，顾海英，2011. 转基因食品信息、标识政策对消费者偏好影响的实验研究［J］. 农业技术经济（9）：65－73.

孟小峰，慈祥，2013. 大数据管理：概念、技术与挑战［J］. 计算机研究与发展，50（1）：146－169.

孟小峰，李勇，祝建华，2013. 社会计算：大数据时代的机遇与挑战［J］. 计算机研究与发展，50（12）：2483－2491.

倪学智，2015. 我国食品安全规制工具的实施效果及改进途径分析［J］. 经济研究参考（27）：22－30.

宁吉喆，2015. 强化对行政权力的制约和监督［N］. 人民日报，12－2（7）.

牛少凤，2014. 食品安全治理的国际经验及其启示［J］. 中国发展观察（6）：61－63.

潘丽霞，徐信贵，2013. 论食品安全监管中的政府信息公开［J］. 中国行政管理（4）：29－31.

全球治理委员会，1995. 我们的全球之家［M］. 牛津：牛津大学出版社.

全世文，曾寅初，2013. 消费者对食品安全信息的搜寻行为研究——基于北京市消费者的调查［J］. 农业技术经济（4）：43－52.

任端，潘思轶，何晖，等，2006. 食品安全、食品卫生与食品质量概念辨析［J］. 食品科学（6）：256－259.

沈志凌，2015. 食品安全监管迎来"互联网＋"智能时代 [J]. 中国食品药品监督
　　（4）：12 - 16.

孙曙迎，徐青，2007. 消费者网上信息搜寻努力影响因素的实证研究 [J]. 重庆大学
　　学报（社会科学版），13（2）：32 - 37.

唐晓纯，苟变丽，2005. 食品安全预警体系框架构建研究 [J]. 食品科学，26（12）：
　　246 - 250.

唐晓纯，2008. 多视角下的食品安全预警体系 [J]. 中国软科学（6）：150 - 160.

童光辉，2013. 公共物品概念的政策含义——基于文献和现实的双重思考 [J]. 财贸
　　经济（1）：39 - 45.

王秀清，孙云峰，2002. 我国食品市场上的质量信号问题 [J]. 中国农村经济（5）：
　　27 - 32.

维克托·迈尔-舍恩伯格，肯尼斯·库克耶，2013. 大数据时代：生活、工作与思维的
　　大变革 [M]. 盛阳燕，周涛译. 杭州：浙江人民出版社.

魏娜，刘昌乾，2015. 政府购买公共服务的边界及实现机制研究 [J]. 中国行政管理
　　（1）：73 - 76.

邬贺铨，2013. 大数据时代的机遇与挑战 [J]. 求是杂志（4）：47 - 49.

吴行惠，刘建，张东，等，2015. 论质量技术监督大数据 [J]. 电子政务（3）：
　　113 -117.

吴元元，2012. 信息基础、声誉机制与执法优化——食品安全治理的新视野[J]. 中国
　　社会科学（6）：115 - 133.

谢康，肖静华，杨楠堃，等，2015. 社会震慑信号与价值重构——食品安全社会共治
　　的制度分析 [J]. 经济学动态（10）：4 - 16.

徐家良，赵挺，2013. 政府购买公共服务的现实困境与路径创新：上海的实践 [J].
　　中国行政管理（8）：26 - 30.

杨方方，陈少威，2014. 政府购买公共服务的发展困境与未来方向 [J]. 财政研究
　　（2）：26 - 29.

易均，2014. 我国食品安全风险评估的信息制度之完善 [J]. 江西社会科学（4）：
　　165 -169.

曾望军，邬力祥，2014. 生成、危机与供给：食品安全公共性的三个维度 [J]. 现代
　　经济探讨（11）：69 - 73.

张春艳，2014. 大数据时代的公共安全治理 [J]. 国家行政学院学报（5）：100 - 104.

张锋，2019. 日本食品安全风险规制模式研究 [J]. 兰州学刊（11）：90 - 99.

张金荣，刘岩，张文霞，2013. 公众对食品安全风险的感知与建构——基于三城市公
　　众食品安全风险感知状况调查的分析 [J]. 吉林大学社会科学学报（3）：40 - 49.

张莉侠，刘刚，2010. 消费者对生鲜食品质量安全信息搜寻行为的实证分析——基于

上海市生鲜食品消费的调查 [J]. 农业技术经济（2）：97 - 103.

张曼，唐晓纯，普蓂喆，等，2014. 食品安全社会共治：企业、政府与第三方监管力
　　量 [J]. 食品科学，35（13）：286 - 292.

张曼，唐晓纯，普蓂喆，等，2014. 食品安全社会共治：企业、政府与第三方监管力
　　量 [J]. 食品科学，35（13）：286 - 292.

张伟，张锡全，刘环，等，2014. 加拿大食品安全管理机构介绍 [J]. 世界农业，422
　　（6）：162 - 164，192.

赵学刚，2011. 食品安全信息供给的政府义务及其实现路径 [J]. 中国行政管理（7）：
　　38 - 42.

赵源，唐建生，李菲菲，2012. 食品安全危机中公众风险认知和信息需求调查分析
　　[J]. 现代财经（6）：61 - 70.

周峰，2015. 欧盟食品安全管理体系对我国的启示 [J]. 山东行政学院学报，141
　　（2）：120 - 123.

朱正威，刘泽照，张小明，2014. 国际风险治理：理论、模态与趋势 [J]. 中国行政
　　管理（4）：95 - 101.

BAGWELL K，RIORDAN M H，1991. High and declining prices signal product quality
　　[J]. The American Economic Review，81（1）：224 - 239.

BEATTY S E，SMITH S M，1987. External search effort：an investigation across sev-
　　eral product categories [J]. Journal of Consumer Research，14（6）：83 - 95.

BIGLAISER G，MEZZETTI C，1993. Principals competing for an agent in the presence
　　of adverse selection and moral hazard [J]. Journal of Economic Theory，61（2）：
　　302 - 330.

BOULDING W，KIRMANI A，1993. A Consumer - side experimental examination of
　　signaling theory：Do consumers perceive warranties as signals of quality? [J]. Journal
　　of Consumer Research，20（1）：111 - 123.

CASWELL J A，MOJDUSZKA E M，1996. Using informational labeling to influence
　　the market for quality in food products [J]. American Journal of Agricultural Eco-
　　nomics，78（5）：1248 - 1253.

CASWELL J A，PADBERG D I，1992. Toward a more comprehensive theory of food
　　labels [J]. American Journal of Agricultural Economics，74（2）：460 - 468.

CRESPI J M，MARETTE S，2001. How should food safety certification be financed?
　　[J]. American Journal of Agricultural Economics，83（4）：852 - 861.

DARBY M，KARNI E，1973. Free Competition and the optimal amount of fraud [J].
　　Journal of Law and Economics（16）：67 - 88.

DAUGHETY A F，REINGANUM J F，2008. Products liability，signaling and disclosure [J]. Journal of Institutional and Theoretical Economics, 164 (1): 106 - 126

DAUGHETY A F, REINGANUM J F, 2005. Secrecy and safety [J]. American Economic Review, 95 (4): 1074 - 1091.

ENGEL J F, BLACKWELL R D, MINIARD P W, 1986. Consumer behavior [M]. Chicago: The Dryden Press.

ERDEM T, SWAIT J, 1998. Brand equity as a signaling phenomenon [J]. Journal of Consumer Psychology, 7 (2): 131 - 157.

GERSTNER E, 1985. Do higher prices signal higher quality? [J]. Journal of Marketing Research, 22 (2): 209 - 215.

GROSSMAN S J, 1981. The information role of warranties and private disclosure about product quality [J]. Journal of Law and Economics, 24 (3): 461 - 483.

GUNNINGHAM N, GRABOSKY P, SINCLAIR D, 1998. Smart regulation: an institutional perspective [J]. Law and Policy, 19 (4): 363 - 414.

HOBBS J, 2004. Information asymmetry and the role of traceability systems [J]. Agribusiness, 20 (4): 397 - 415.

JANSSEN M, HAMM U, 2012. Product labelling in the market for organic food: Consumer preferences and willingness - to - pay for different organic certification logos [J]. Food Quality and Preference, 25 (1): 9 - 22.

JOCOBY J, CHESTNUT R W, FISHER W A, 1978. A behavioral process approach to information acquisition in nondurable purchasing [J]. Journal of Marketing Research, 15 (4): 532 - 544.

JOVANOVIC B, 1982. Truthful disclosure of information [J]. Bell Journal of Economics, 13 (1): 36 - 44.

KATRIN Z, ULRICH HAMM, 2012. Information search behaviour and its determinants: the case of ethical attributes of organic food [J]. International Journal of Consumer Studies (5): 307 - 316.

KELLEY C A, 1988. An investigation of consumer product warranties as market signals of product reliability [J]. Journal of the Academy of Market Science, 16 (2): 72 -78.

KIRMANI A, WRIGHT P, 1989. Money Talks: Perceived Advertising Expense and Expected Product Quality [J]. Journal of Consumer Research, 16 (3): 344 - 353.

LAPAN H E, MOSCHINI, 2007. Grading, minimum quality standards, and the labeling of genetically modified products [J]. American Journal of Agricultural Economics, 89 (3): 769 - 783.

MITRA K, REISS M C, CAPELLA L M, et al. , 1999. An examination of perceived risk, information search and behavioral intentions in search, experience and credence services [J]. Journal of Services Marketing, 13 (3): 208 – 228.

NELSON, 1970. Information and consumer behavior [J]. Journal of Political Economy, 78 (2): 311 – 329.

SHAPIRO C, 1983. Premiums for high quality products as returns to reputations [J]. Quarterly Journal of Economics, 98 (4): 669 – 679.

SLOVIC P, 1993. Perceived risk, trust, and democracy: a systems perspective [J]. Risk Analysis (13): 675 – 682.

SPARKS P, SHEPHERD R, 1994. Public perception of the potential hazards associated with food production and food consumption: an empirical study [J]. Risk Analysis, 4 (5): 799 – 806.

SPENCE A M, 1974. Market signaling [M]. Cambridge, Mass: Harvard University Press.

STEVEN M, ANDREW P, 1985. Quality testing and disclosure [J]. The RAND Journal of Economics, 16 (3): 328 – 340.

TELLIS G J, WERNERFELT B, 1987. Competitive price and quality under asymmetric information [J]. Marketing Science, 6 (3): 240 – 253.

VISCUSI W K, 1978. A note on "lemons" markets with quality certification [J]. Bell Journal of Economics, 9 (1): 277 – 279.

WANSINK B, 2004. Consumer reactions to food safety crises [J]. Advances in Food and Nutrition Research, 48: 103 – 150.

YAMIN F M, RAMAYAH T, ISHAK, et al., 2013. Information searching: the impact of user knowledge on user search behavior [J]. Journal of Information & Knowledge Management (9): 1 – 10.

CHIANG Y S, NIU H J, 2013. Advertising expenditure and price as joint indicators of product quality perceptions: a perspective from game theory [J]. International Management Review, (1): 78 – 86.

后　记

　　食品是人类赖以生存的生活必需品，食品质量安全直接影响着消费者的健康。随着我国经济社会的快速发展、人民生活水平的不断提升，消费者对食品的需求已经由过去的"吃得饱"转向"吃得好""吃得健康""吃得有趣"，对食品安全问题的容忍度越来越低。在这样的背景下，党和政府高度重视食品安全问题治理，不断完善食品安全法律法规体系，持续推进食品安全监管机构改革，推出了一系列保障人民群众"舌尖上的安全"的重大举措，取得了良好效果。近年来，我国食品安全治理体系不断完善，食品安全整体水平不断提升。但是也应该看到，与部分发达国家相比，与消费者对食品安全的期望相比，我国的食品安全还有需要改进的地方，食品安全事件时有出现，消费者对食品安全的信任程度依然不高。从国际趋势看，现代食品安全治理的主要特点是食品供应链全链条管理、风险管理和预警以及社会共治。信息在食品安全治理中发挥基础性作用，对于实现"从农田到餐桌"的全过程监管、公众参与食品安全治理、政府监管效能的提升均具有重要意义。本书从信息视角分析了食品供应链质量安全治理问题，系统分析了食品企业、政府、消费者等食品供应链利益相关者的信息行为、食品供应链的信息共享、食品供应链安全风险治理及食品安全的社会共治等问题，对于提升我国食品安全管理水平具有较强的指导意义。

本书的研究成果是我多年来研究的总结及提升。在此要感谢天津农学院经济管理学院领导和同事们的关心和支持。特别要感谢我的家人在我长期枯燥的科研工作中给予的理解和支持。

本书的顺利出版得益于 2018 年度天津市教委社会科学重大项目（2018JWZD18）的支持。由于笔者水平有限，难免有疏漏之处，如有不当之处敬请读者批评指正。

刘 刚

2020 年 3 月于天津

图书在版编目 (CIP) 数据

食品供应链质量安全治理研究 / 刘刚著 . —北京：
中国农业出版社，2020.9
ISBN 978 - 7 - 109 - 27197 - 5

Ⅰ.①食…　Ⅱ.①刘…　Ⅲ.①食品安全—供应链管理
—研究　Ⅳ.①TS201.6

中国版本图书馆 CIP 数据核字（2020）第 151584 号

中国农业出版社出版
地址：北京市朝阳区麦子店街 18 号楼
邮编：100125
责任编辑：杨晓改　　文字编辑：徐志平
版式设计：杜　然　　责任校对：周丽芳
印刷：北京中兴印刷有限公司
版次：2020 年 9 月第 1 版
印次：2020 年 9 月北京第 1 次印刷
发行：新华书店北京发行所
开本：700mm×1000mm　1/16
印张：10
字数：250 千字
定价：58.80 元
